U0309884

全国高等院校土建类应用型规划教材
住房和城乡建设领域关键岗位技术人员培训教材

建设工程造价及相关知识

《住房和城乡建设领域关键岗位技术人员培训教材》编写委员会 编

主　　编：梅剑平　林　丽
副 主 编：周振辉　饶　鑫
组编单位：住房和城乡建设部干部学院
北京土木建筑学会

中国林业出版社

图书在版编目（CIP）数据

建设工程造价及相关知识 /《建设工程造价及相关知识》编委会编. — 北京 ：中国林业出版社，2018.7

住房和城乡建设领域关键岗位技术人员培训教材

ISBN 978-7-5038-9639-2

Ⅰ. ①建… Ⅱ. ①建… Ⅲ. ①建筑造价管理－技术培训－教材 Ⅳ. ①TU723. 3

中国版本图书馆 CIP 数据核字（2018）第 152695 号

本书编写委员会

主　编：梅剑平　林　丽

副主编：周振辉　饶　鑫

组编单位：住房和城乡建设部干部学院　北京土木建筑学会

国家林业和草原局生态文明教材及林业高校教材建设项目

策　　划：杨长峰　纪　亮

责任编辑：陈　惠　王思源　吴　卉　樊　菲

出版：中国林业出版社

（100009 北京西城区德内大街刘海胡同 7 号）

网站：http：//lycb. forestry. gov. cn/

印刷：固安县京平诚乾印刷有限公司

发行：中国林业出版社

电话：(010)83143610

版次：2018 年 7 月第 1 版

印次：2018 年 12 月第 1 次

开本：1/16

印张：12. 25

字数：200 千字

定价：80. 00 元

编写指导委员会

前　言

“全国高等院校土建类应用型规划教材”是依据我国现行的规程规范，结合院校学生实际能力和就业特点，根据教学大纲及培养技术应用型人才的总目标来编写。本教材充分总结教学与实践经验，对基本理论的讲授以应用为目的，教学内容以必需、够用为度，突出实训、实例教学，紧跟时代和行业发展步伐，力求体现高职高专、应用型本科教育注重职业能力培养的特点。同时，本套书是结合最新颁布实施的《建筑工程施工质量验收统一标准》（GB50300—2013）对于建筑工程分部分项划分要求，以及国家、行业现行有效的专业技术标准规定，针对各专业应知识、应会和必须掌握的技术知识内容，按照“技术先进、经济适用、结合实际、系统全面、内容简洁、易学易懂”的原则，组织编制而成。

考虑到工程建设技术人员的分散性、流动性以及施工任务繁忙、学习时间少等实际情况，为适应新形势下工程建设领域的技术发展和教育培训的工作特点，一批长期从事建筑专业教育培训的教授、学者和有着丰富的一线施工经验的专业技术人员、专家，根据建筑施工企业最新的技术发展，结合国家及地方对于建筑施工企业和教学需要编制了这套可读性强，技术内容最新，知识系统、全面，适合不同层次、不同岗位技术人员学习，并与其工作需要相结合的教材。

本教材根据国家、行业及地方最新的标准、规范要求，结合了建筑工程技术人员和高校教学的实际，紧扣建筑施工新技术、新材料、新工艺、新产品、新标准的发展步伐，对涉及建筑施工的专业知识，进行了科学、合理的划分，由浅入深，重点突出。

本教材图文并茂，深入浅出，简繁得当，可作为应用型本科院校、高职高专院校土建类建筑工程、工程造价、建设监理、建筑设计技术等专业教材；也可作为面向建筑与市政工程施工现场关键岗位专业技术人员职业技能培训的教材。

目　录

第一章　概　　述

第一节　工程造价简介

一、工程造价的含义

工程造价就是工程的建造价格，它具有两种含义。

第一种含义：工程造价是指建设一项工程预期开支或实际开支的全部固定资产投资费用，也就是一项工程通过建设形成相应的固定资产、无形资产所需一次性费用的总和。

工程建设的范围，不仅包括了固定资产的新建、改建、扩建、恢复工程及与之连带的工程，而且还包括整体或局部性固定资产的恢复、迁移、补充、维修、装饰装修等内容。固定资产投资所形成的固定资产价值的内容包括：建筑安装工程费，设备、工器具的购置费和工程建设其他费用等。

工程造价的第一种含义表明，投资者选定一个投资项目，为了获得预期的效益，就要通过项目评估后进行决策，然后进行设计、工程施工、直至竣工验收等一系列投资管理活动。在投资管理活动中，要支付与工程建造有关的全部费用，才能形成固定资产和无形资产。所有这些开支就构成了工程造价。从这个意义上说，工程造价就是工程投资费用。非生产性建设项目的工程总造价就是建设项目固定资产投资的总和，而生产性建设项目的总造价是固定资产投资和铺底流动资金投资的总和。

第二种含义：工程造价就是指工程价格，即为建成一项工程，预计或实际在土地市场、设备市场、技术劳务市场，以及承包市场等交易活动中所形成的建筑安装工程的价格和建设工程总价格。

工程造价的第二种含义是以市场经济为前提的，是以工程、设备、技术等特定商品形式作为交易对象，通过招投标或其他交易方式，在各方进行反复测算的基础上，最终由市场形成的价格。其交易的对象，可以是一个建设项目，一个单项工程，也可以是建设的某一个阶段，如可行性研究报告阶段、设计工作阶段等，还可以是某个建设阶段的一个或几个组成部分。如建设前期的土地开发工程、安装工程、装饰工程、配套设施工程等。随着经济发展和技术进步，分工的细化和市场的完善，工程建设中的中间产品也会越来越多，商品交易会更加频繁，工程造价的种类和形式也会更为丰富。特别是投资体制的改革，投资主体多元化和资金来源的多渠道，使相当一部分建筑产品作为商品进入了流通。住宅作为商品已为人们所接受，普通工业厂房、仓库、写字楼、公寓、商业设施等建筑产品，一旦投资者将其推向市场就成为真实的商品而流通。无论是采取购买、抵押、拍卖、租赁，还是企业兼并形式，其性质都是相同的。

工程造价的第二种含义通常把工程造价认定为工程承发包价格。它是在建筑市场通过招标，由需求主体投资者和供给主体建筑商共同认可的价格。建筑安装工程造价在项目固定资产投资中占有的份额，是工程造价中最活跃的部分，也是建筑市场交易的主要对象之一。设备采购过程，经过招投标形成的价格，土地使用权拍卖或设计招投标等所形成的承包合同价，也属于第二种含义的工程造价的范围。

上述工程造价的两种含义，一种是从项目建设投资角度提出的建设项目工程造价，它是一个广义的概念；另一种是从工程交易或工程承包、设计范围角度提出的建筑安装工程造价，它是一个狭义的概念。

二、工程造价的计价特点

1. 计价的单件性

由于建设工程设计用途和工程的地区条件是多种多样的，几乎每一个具体的工程都有它的特殊性。建设工程在生产上的单件性决定了在造价计算上的单件性，不能像一般工业产品那样，可以按品种、规格、质量成批生产，统一定价，而只能按照单件计价。国家或地区有关部门不能按各个工程逐件控制价格，只能就工程造价中各项费用项目的划分，工程造价构成的一般程序，概预算的编制方法，各种概预算定额和费用标准，地区人工、材料、机械台班计价的确定等，作出统一性的规定，据此作宏观性的价格控制。

2. 计价的多次性

建设工程的生产过程是一个周期长、数量大的生产消费过程。它要经过可行性研究、设计、施工、竣工验收等多个阶段，并分段进行，逐步接近实际。为了适应工程建设过程中各方经济关系的建立，适应项目管理，适应工程造价控制与管理的要求，需要按照设计和建设阶段多次性计价。

整个计价过程是从投资估算、设计概算、施工图预算到招标承包合同价，再到各项工程的结算价和最后在结算价基础上编制的竣工决算的一个由粗到细、由浅到深、经过多次计价最后达到工程实际造价的过程。

3. 计价的组合性

由分部工程、分项工程和相应定额、费用标准等进行计算可得到各单位工程造价；各个单位工程造价组成各个单项工程造价，而各个单项工程造价最终组成一个建设项目的总造价。可见，这个计价过程充分体现了分部组合计价的特点。为确定一个建设项目的总造价，应首先计算各单位工程造价，再计算各单项工程造价（一般称为综合概预算造价），然后汇总成总造价（又称为总概预算造价）。

4. 计价方法的多样性

工程造价多次性计价有各个不相同的计价依据，对造价的精确度要求也不相同，这就决定了计价方法有多样性特征。例如单价法、实物法等是计算概预算造价的方法。设备系数法、生产能力指数估算法等是计算投资估算的方法。

5. 计价依据的复杂性

计价依据主要可分为以下七类：

（1）计算设备和工程量的依据。包括项目建议书、可行性研究报告、设计文件等。

（2）计算人工、材料、机械等实物消耗量的依据。包括投资估算指标、概算定额、预算定额等。

（3）计算工程单价的价格依据。包括人工单价、材料价格、材料运杂费、机械台班费等。

（4）计算设备单价的依据。包括设备原价、设备运杂费、进口设备关税等。

（5）计算措施费、间接费和工程建设其他费用的依据，主要是相关的费用定额和指标。

（6）政府规定的税、费。

（7）物价指数和工程造价指数。

三、工程造价的特点及作用

1. 工程造价的特点

（1）工程造价的大额性。能够发挥投资效用的任何一项工程，不仅实物形体庞大，而且造价高昂。工程造价的大额性使它关系到有关各方面的重大经济利益，同时也会对宏观经济产生重大影响。

（2）工程造价的个别性、差异性。任何一项工程都有其特定的用途、功能、规模。因此对每一项工程的结构、造型、空间分割、设备配置和内外装饰都有具体的要求，形成了每项工程的实物形态具有个别性，也就是项目具有一次性特点。建筑产品的个别性、建筑施工的一次性决定了工程造价的个别性、差异性。每项工程所处地区、地段的不同，也使这个特点得到强化。

(3)工程造价的动态性。任何一项工程从决策到竣工交付使用，都有一个较长的建设期，而且由于不可预测因素的影响，在预计工期内存在许多影响工程造价的动态因素。工程造价在整个建设期中处于动态状况，直至竣工决算后才能最终确定工程的实际造价。

(4)工程造价的层次性。一个工程项目往往含有多项能够独立发挥设计效能的单项工程。一个单项工程又是由能够各自发挥专业效能的多个单位工程组成。与此相适应，工程造价有三个层次：建设项目总造价、单项工程造价和单位工程造价，如果专业分工更细，单位工程(如土建工程)的组成部分——分部分项工程也可以成为交换对象，这样工程造价的层次就增加分部工程和分项工程而成为五个层次。

(5)工程造价的兼容性。首先表现在它具有两种含义，其次表现在造价构成因素的广泛性和复杂性。在工程造价中，首先是成本因素非常复杂。其次是盈利的构成也较为复杂，资金成本较大。

2. 工程造价的作用

其作用主要表现在以下几点：

(1)工程造价是项目决策的工具。

(2)工程造价是制订投资计划和控制投资的有效工具。

(3)工程造价是筹集建设资金的依据。

(4)工程造价是合理分配利益和调节产业结构的手段。

(5)工程造价是评价投资效果的重要指标。

第二节　建设工程程序与项目

一、建设工程程序

1. 建设工程程序的概念

建设工程程序是指建设项目从设想、选择、评估、决策、设计、施工到竣工验收、投入生产整个建设过程的各阶段、各环节以及各主要工作内容之间必须遵循的先后顺序。建设工程程序反映了建设工作客观的规律性，是建设项目科学决策和顺利进行的重要保证。

2. 建设工程程序的内容

我国大、中型和限额以上建设工程项目的建设应遵循以下程序。

(1)提出项目建议书。项目建议书是建设单位向国家提出的要求建设某一建设项目的建议文件。投资者对拟建项目的兴建必要性、可行性以及兴建的目的、要求、计划等进行论证写成报告,建议上级批准。

(2)进行可行性研究。可行性研究是通过市场研究、技术研究和经济研究进行多方案比较,提出评价意见,推荐最佳方案,对建设项目技术上和经济上是否可行进行科学分析和论证,为项目决策提供科学依据,并在可行性研究的基础上编写可行性研究报告。

(3)报批可行性研究报告。项目可行性研究通过评估审定后,就要着手编写可行性研究报告。可行性研究报告是确定建设项目、编制设计文件的主要依据,在建设程序中起主导作用。一方面把国民经济发展计划落实到建设项目上,另一方面使项目建设及建成投产后所需的人、财、物有可靠保证。可行性研究报告经批准后,不得随意修改或变更。

(4)选择建设地点。建设地点的选择应按照隶属关系,由主管部门组织勘察、设计等单位和所在地有关部门共同进行。

(5)编制设计文件。可行性研究报告和选点报告经批准后,建设单位委托设计单位按可行性研究报告中的有关要求,编制设计文件。设计文件是安排建设项目和组织工程施工的主要依据。

(6)建设前期准备工作。为保证施工顺利进行,必须做好征地、拆迁、场地平整;准备必要的施工图纸;组织设备、材料订货;办理建设项目施工许可证等建设前期准备工作。

(7)编制建设计划和建设年度计划。根据经批准的总概算和建设工期,合理地编制建设项目的建设计划和建设年度计划,计划内容要与工程所需投资、材料、设备相适应,配套项目要同时安排,相互衔接。

(8)建设实施。建设年度计划经批准后,便可以进行招标发包工作,落实施工单位,签订施工合同。

(9)项目投产前的准备工作。项目投产前要进行生产准备,包括建立生产经营管理机构,制定有关制度和规定,招收、培训生产人员,组织生产人员参加设备的安装,调试设备和工程验收,签订原材料、协作产品、燃料、水、电等供应运输协议,进行工具、器具、备品、备件的制造或订货,以及其他必需的准备。

(10)竣工验收。建设项目按设计文件规定内容全部施工完成后,便可组织竣工验收,这是建设程序的最后一步,是投资成果转入生产或服务的标志,对促进建设项目及时投产、发挥投资效益、总结建设经验等都具有重要作用。

(11)后评价。建设项目后评价是工程项目竣工投产、生产运营一段时间后，对项目的立项决策、设计施工、竣工投产、生产运营等全过程进行系统评价的技术经济活动。通过建设项目后评价达到肯定成绩、总结经验、研究问题、吸取教训、提出建议、改进工作、不断提高项目决策水平和投资效果的目的。

二、建设工程项目的组成

建设工程项目可分为单项工程、单位(子单位)工程、分部(子分部)工程和分项工程。

1. 单项工程

单项工程是建设项目的组成部分，一般是指具有独立的设计文件，在竣工投产后能够独立发挥设计生产能力或使用效益的产品车间生产线或独立工程等。

一个建设项目可以包括若干个单项工程，例如一个新建工厂的建设项目，其中的各个生产车间、辅助车间、仓库、住宅等工程都是单项工程。

2. 单位工程

单位工程是指具备独立施工条件并能形成独立使用功能的建筑物及构筑物。对于建筑规模较大的单位工程，可将其能形成独立使用功能的部分作为一个子单位工程。具有独立施工条件和能形成独立使用功能是单位(子单位)工程划分的基本要求。单位工程是单项工程的组成部分。按照单项工程的构成，又可将其分解为建筑工程和设备安装工程。如工业厂房工程中的土建工程、设备安装工程、工业管道工程等分别是单项工程中所包含的不同性质的单位工程。

3. 分部工程

分部工程是单位工程的组成部分，应按专业性质、建筑部位确定。一般工业与民用建筑工程的分部工程包括：地基与基础工程、主体结构工程、装饰装修工程、屋面工程、给排水及采暖工程、电气工程、智能建筑工程、通风与空调工程、电梯工程。当分部工程较大或较复杂时，可按材料种类、施工特点、施工程序、专业系统及类别等将其划分为若干子分部工程。

4. 分项工程

按照不同的施工方法、构造及规格可以把分部工程进一步划分为分项工程。分项工程是能够通过较为简单的施工过程生产出来的、可以用适当的计量单位计算并便于测定或计算其消耗的工程基本构成要素。例如土建工程的分项工程有土方工程、钢筋工程等；安装工程的分项工程有给水工程中铸铁管、钢管、阀门等。

第三节 工程造价管理

一、工程造价管理的概念

工程造价管理可分为两种管理:一是工程建设投资费用管理;二是工程价格管理。

工程建设投资管理是指为了实现投资的预期目标,在规划、设计方案的拟定条件下,预测、计算、确定和监控工程造价及其变动的系统活动。

在市场经济条件下,工程造价管理分为宏观管理和微观管理两个层次。宏观管理是指国家根据社会经济发展的要求,利用法律手段、经济手段和行政手段,通过建筑市场管理,规范市场主体计价行为,对工程价格进行管理和调控的系统行为。微观管理是指业主对某一工程项目建设成本的管理及发、承包双方对工程承包价格的管理。

二、工程造价管理的内容

工程造价管理的基本内容就是合理确定和有效控制工程造价。

1. 工程造价的合理确定

工程造价的合理确定,就是在建设程序的各个阶段,合理确定投资估算、概算造价、预算造价、承包合同价、结算价、竣工决算价。

(1)在项目建议书阶段,按照有关规定,应编制初步投资估算。经有关部门批准,作为建设项目列入国家中长期计划和开展前期工作的控制造价。

(2)在可行性研究阶段,按照有关规定编制的投资估算,经有关部门批准,即为该项目控制造价。

(3)在初步设计阶段,按照有关规定编制的初步设计总概算,经有关部门批准作为建设项目工程造价的最高限额。对初步设计阶段,实行建设项目招标承包制签订承包合同协议的,其合同价也应在最高限价(总概算)相应的范围以内。

(4)在施工图设计阶段,按规定编制施工图预算,用以核实施工图阶段预算造价是否超过批准的初步设计概算。

(5)对以施工图预算为基础招标投标的工程,承包合同价也是以经济合同形式确定的建筑安装工程造价。

(6)在工程实施阶段要按照承包方实际完成的工程量,以合同为基础,同时考虑因物价上涨所引起的造价提高,考虑到设计中难以预计的而在实施阶段实际发生的工程和费用,合理确定结算价。

(7)在竣工验收阶段,全面汇集在工程建设过程中实际花费的全部费用,编制竣工决算。

2. **工程造价的有效控制**

工程造价的有效控制,就是在优化建设方案、设计方案的基础上,在建设程序的各个阶段,采用一定的方法和措施把工程造价的发生控制在合理的范围和核定的造价限额以内。具体说,要用投资估算价控制设计方案的选择和初步设计概算造价;用概算造价控制技术设计和修正概算造价;用概算造价或修正概算造价控制施工图设计和预算造价,以求合理使用人力、物力和财力,取得较好的投资效益,控制造价在这里强调的是控制项目投资。

三、工程造价管理的目标和任务

1. **工程造价管理的目标**

工程造价管理的目标是按照经济规律的要求,根据社会主义市场经济的发展形势,利用科学管理方法和先进管理手段,合理地确定造价和有效地控制造价,以提高投资效益和建筑安装企业经营效益。

2. **工程造价管理的任务**

工程造价管理的任务是加强工程造价的全过程动态管理,强化工程造价的约束机制,维护有关各方的经济利益,规范价格行为,促进微观效益和宏观效益的统一。

第四节　建设工程造价的计价方法

一、工程造价计价的基本方法

工程造价计价的方法有多种,各不相同,但工程造价计价的基本过程和原理是相同的。从工程费用计算角度分析,工程造价计价的顺序是:分部分项工程单价—单位工程造价—单项工程造价—建设项目总造价。影响工程造价的主要因素是两个,即单位价格和实物工程数量,可用下列基本计算式表达:

$$\text{工程造价} = \sum_{i=1}^{n}(\text{工程量} \times \text{单位价格})$$

式中:i——第 i 个基本子项;

n——工程结构分解得到的基本子项数目。

可见,基本子项的单位价格高,工程造价就高;基本子项的实物工程量大,工程造价也就大。

对基本子项的单位价格分析，可以有两种形式：

(1)直接费单价。如果分部分项工程单位价格仅仅考虑人工、材料、机械资源要素消耗量和价格形成，即单位价格$=\sum$(分部分项工程的资源要素消耗量×资源要素的价格)，该单位价格是直接费单价。人工、材料、机械资源要素消耗量的数据经过长期的收集、整理和积累形成了工程建设定额，它是工程计价的重要依据，与劳动生产率、社会生产力水平、技术和管理水平密切相关。资源要素的价格是影响工程造价的关键因素。在市场经济体制下，工程计价时采用的资源要素的价格应该是市场价格。

(2)综合单价。如果在单位价格中还考虑直接费以外的其他费用，则构成的是综合单价。根据我国 2013 年 7 月 1 日起实施的国家标准《建筑工程工程量清单计价规范》的规定，综合单价是完成工程量清单中一个规定计量单位项目所需的人工费、材料费、机械使用费、管理费和利润，并考虑风险因素组成。而规费和税金，是在求出单位工程分部分项工程费、措施项目费和其他项目费后再统一计取，最后汇总得出单位工程造价。

二、工程定额计价与工程量清单计价方法的异同点

在我国建筑市场实行改革开放的过程中，目前虽然已经实行了工程量清单计价制度，但由于我国地大物博，各省、自治区、直辖市实际情况的差异，我国目前的工程计价模式不可避免地出现“双轨制”：既施行了与国际做法一致的工程量清单计价模式，又保留了传统的定额计价模式。下面针对这两种计价模式介绍其计价程序和方法。

1. 工程定额计价法

(1)第一阶段：收集资料

1)设计图纸。设计图纸要求成套不缺，附带说明书以及必需的通用设计图。在计价前要完成设计交底和图纸会审程序；

2)现行计价依据、材料价格、人工工资标准、施工机械台班使用定额以及有关费用调整的文件等；

3)工程协议或合同；

4)施工组织设计(施工方案)或技术组织措施等；

5)工程计价手册。如各种材料手册、常用计算公式和数据、概算指标等各种资料。

(2)第二阶段：熟悉图纸和现场

1)熟悉图纸。看图计量是计价的基本工作，只有看懂图纸和熟悉图纸后，才能对工程内容、结构特征、技术要求有清晰的概念，才能在计价时做到项目全、计

量准、速度快。因此，在计价之前，应该留有一定时间，专门用来阅读图纸，特别是一些现代高级民用建筑，如果在没有弄清图纸之前，就急于下手计算，常常会徒劳无益，欲速而不达。阅读图纸重点应了解：

①对照图纸目录，检查图纸是否齐全；

②采用什么标准图集，手头是否已经具备；

③对设计说明或附注要仔细阅读。因为，有些分章图纸中不再表示的项目或设计要求，往往在说明和附注中可以找到，一不注意，容易漏项；

④设计上有无特殊的施工质量要求，事先列出需要另编补充定额的项目；

⑤平面坐标和竖向布置标高的控制点；

⑥本工程与总图的关系。

2)注意施工组织设计有关内容。施工组织设计是由施工单位根据施工特点、现场情况、施工工期等有关条件编制的，用来确定施工方案，布置现场，安排进度。计价时应注意施工组织设计中影响工程费用的因素。例如，土方工程中的余土外运或缺土的来源，大宗材料的堆放地点，预制构件的运输，地下工程或高层工程的垂直运输方法，设备构件的吊装方法，特殊构筑物的机具制作，安全防火措施等，单凭图纸和定额是无法提供的，只有按照施工组织设计的要求来具体补充项目和计算。

3)结合现场实际情况。在图纸和施工组织设计仍不能完全表示时，必须深入现场，进行实际观察，以补充上述的不足。例如，土方工程的土壤类别，现场有无障碍物需要拆除和清理。在新建和扩建工程中，有些项目或工程量依据图纸无法计算时，必须到现场实际测量。

总之，对各种资料和情况掌握得越全面、越具体，工程计价就越准确、越可靠，并且尽可能地将可能考虑到的因素列入计价范围内，以减少开工以后频繁的现场签证。

(3)第三阶段：计算工程量

计算工程量是一项工作量很大，而又十分细致的工作。工程量是计价的基本数据，计算的精确程度不仅影响到工程造价，而且影响到与之关联的一系列数据，如计划、统计、劳动力、材料等。因此，决不能把工程量看成单纯的技术计算，它对整个企业的经营管理都有重要的意义。

1)计算工程量一般可按下列具体步骤进行：

①根据施工图示的工程内容和定额项目，列出需计算工程量的分部分项；

②根据一定的计算顺序和计算规则，列出计算式；

③根据施工图示尺寸及有关数据，代入计算式进行数学计算；

④按照定额中的分部分项的计量单位对相应的计算结果的计量单位进行调

整,使之一致。

2)工程量的计算,要根据图纸所标明的尺寸、数量以及附有的设备明细表、构件明细表来计算。一般应注意下列几点:

①要严格按照计价依据的规定和工程量计算规则,结合图纸尺寸进行计算,不能随意地加大或缩小各部位的尺寸;

②为了便于核对,计算工程量一定要注明层次、部位、轴线编号及断面符号。计算式要力求简单明了,按一定程序排列,填入工程量计算表,以便查对;

③尽量采用图中已经通过计算注明的数量和附表。如门窗表、预制构件表、钢筋表、设备表、安装主材表等,必要时查阅图纸进行核对。因为设计人员往往是从设计角度来计算材料和构件的数量,除了口径不尽一致外,常常有遗漏和误差现象,要加以改正;

④计算时要防止重复计算和漏算。在比较复杂的工程或工作经验不足时,最容易发生的是漏项漏算或重项重算。因此,在计价之前先看懂图纸,弄清各页图纸的关系及细部说明。一般也可按照施工次序,由上而下,由外而内,由左而右,事先草列分部分项名称,依次进行计算。在计算中发现有新的项目,随时补充进去,防止遗忘。也可以采用分页图纸逐张清算的办法,以便先减少一部分图纸数量,集中精力计算比较复杂的部分。计算工程量,有条件的尽量分层、分段、分部位来计算,最后将同类项加以合并,编制工程量汇总表。

(4)第四阶段:套定额单价

在计价过程中,如果工程量已经核对无误,项目不漏不重,则余下的问题就是如何正确套价,计算直接费。套价应注意以下事项:

1)分项工程名称、规格和计算单位必须与定额中所列内容完全一致。即以定额中找出与之相适应的项目编号,查出该项工程的单价。套单价要求准确、适用,否则得出的结果就会偏高或偏低。熟练的专业人员,往往在计算工程量划分项目时,就考虑到如何与定额项目相符合。如混凝土要注明强度等级等,以免在套价时,仍需查找图纸和重新计算。

2)定额换算。任何定额本身的制定,都是按照一般情况综合考虑的,存在有许多缺项和不完全符合图纸要求的地方,因此,必须根据定额进行换算,即以某分项定额为基础进行局部调整。如材料品种改变和数量增加,混凝土和砂浆强度等级与定额规定不同,使用的施工机具种类型号不同,原定额工日需增加的系数等。有的项目允许换算,有的项目不允许换算,均按定额规定执行。

3)补充定额编制。当施工图纸的某些设计要求与定额项目特征相差甚远,既不能直接套用也不能换算、调整时,必须编制补充定额。

(5)第五阶段:编制工料分析表

根据各分部分项工程的实物工程量和相应定额中的项目所列的用工工日及材料数量，计算出各分部分项工程所需的人工及材料数量，相加汇总便得出该单位工程所需要的各类人工和材料的数量。

(6)第六阶段：费用计算

在项目、工程量、单价经复查无误后，将所列项工程实物量全部计算出来后，就可以按所套用的相应定额单价计算直接工程费，进而计算直接费、间接费、利润及税金等各种费用，并汇总得出工程造价。

(7)第七阶段：复核

工程计价完成后，需对工程计价结果进行复核，以便及时发现差错，提高成果质量。复核时，应对工程量计算公式和结果、套价、各项费用的取费及计算基础和计算结果、材料和人工价格及其价格调整等方面是否正确进行全面复核。

(8)第八阶段：编制说明

编制说明是说明工程计价的有关情况，包括编制依据、工程性质、内容范围、设计图纸号、所用计价依据、有关部门的调价文件号、套用单价或补充定额子目的情况及其他需要说明的问题。封面填写应写明工程名称、工程编号、工程量(建筑面积)、工程总造价、编制单位名称、法定代表人、编制人及其资格证号和编制日期等。

2. 工程量清单计价法

工程量清单计价法的程序和方法与工程量定额计价法基本一致，只是第四、五、六阶段有所不同。具体如下：

(1)第四阶段：工程量清单项目组价

组价的方法和注意事项与工程定额计价法相同，每个工程量清单项目包括一个或几个子目，每个子目相当于一个定额子目。所不同的是，工程量清单项目套价的结果是计算该清单项目的综合单价，并不是计算该清单项目的直接工程费。

(2)第五阶段：分析综合单价

工程量清单的工程数量，按照国家标准《建设工程工程量清单计价规范》规定的工程量计算规则计算。一个工程量清单项目由一个或几个定额子目组成，将各定额子目的综合单价汇总累加，再除以该清单项目的工程数量，即可求得该清单项目的综合单价。

(3)第六阶段：费用计算

在工程量计算、综合单价分析经复查无误后，即可进行分部分项工程费、措施项目费、其他项目费、规费和税金的计算，从而汇总得出工程造价。

其具体计算原则和方法如下：

分部分项工程费=∑分部分项工程量×分部分项工程项目综合单价

其中，分部分项工程项目综合单价由人工费、材料费、机械费、管理费和利润组成，并考虑风险因素。

措施项目费=∑措施项目工程量×措施项目综合单价

或　　　　措施项目费=∑措施项目工程量×费率

其中，措施项目包括通用项目、建筑工程措施项目、装饰装修工程措施项目、安装工程措施项目和市政工程措施项目等，措施项目综合单价的构成与分部分项工程项目综合单价构成类似。

单位工程造价=分部分项工程费+措施项目费+其他项目费+规费+税金

单项工程造价=∑单位工程造价

建设项目总造价=∑单项工程造价

第五节　各阶段工程造价的关系和工程造价控制

在建设工程的各个阶段，工程造价分别使用投资估算、设计概算、施工图预算、中标价、承包合同价、工程结算、竣工结算进行确定与控制。建设项目是一个从抽象到实际的建设过程，工程造价也从投资估算阶段的投资预计，到竣工决算的实际投资，形成最终的建设工程的实际造价。从估算到决算工程造价的确定与控制存在着相互独立又相互关联的关系。

一、建设工程各阶段工程造价的关系

建设工程项目从立项论证到竣工验收、交付使用的整个周期，是建设工程各阶段工程造价由表及里、由粗到精、逐步细化、最终形成的过程，它们之间相互联系、相互印证，具有密不可分的关系。建设工程各阶段工程造价关系见图 1-1。

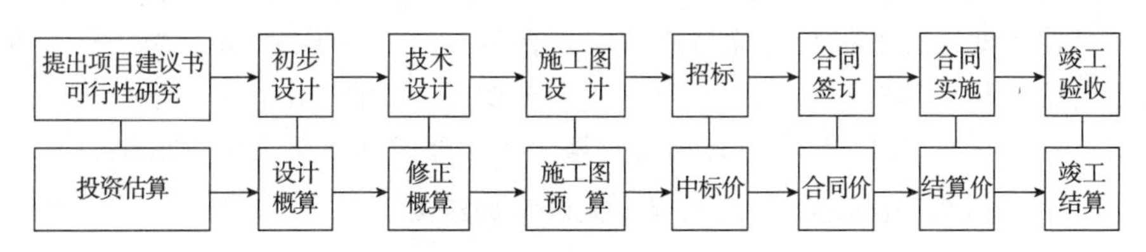

图 1-1　建设工程各阶段工程造价关系

二、建设工程各阶段工程造价的控制

所谓工程造价控制，就是在优化建设方案、设计方案的基础上，在建设程序的各个阶段，采用一定的方法和措施把工程造价控制在合理的范围和核定的造价限额以内。具体说，要用投资估算价控制设计方案的选择和初步设计概算造

价，用概算造价控制技术设计和修正概算造价，用概算造价或修正概算造价控制施工图设计和预算造价，以求合理使用人力、物力和财力，取得较好的投资效益。控制造价在这里强调的是控制项目投资。建设工程各阶段工程造价控制见图1-2。

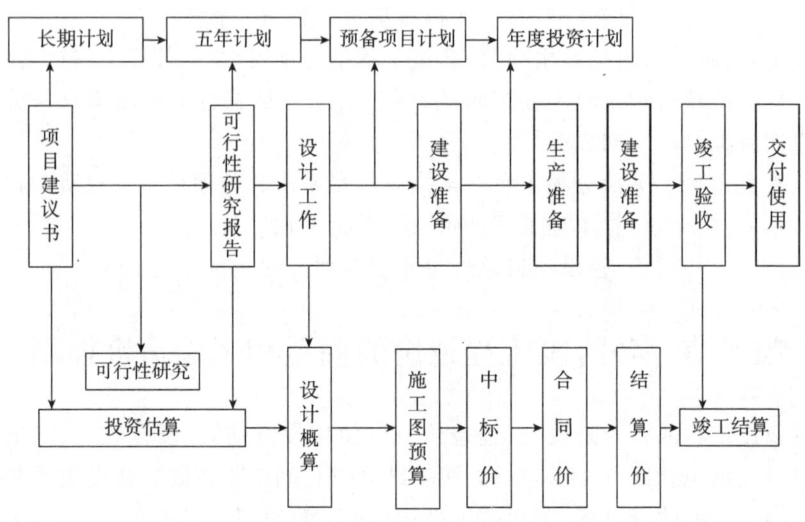

图 1-2　建设工程各阶段工程造价控制

有效控制工程造价应体现以下三原则：

1. **以设计阶段为重点，建设全过程造价控制体系**

工程造价控制必须贯穿于项目建设全过程。很显然，工程造价控制的关键在于施工前的投资决策和设计阶段，而在项目作出投资决策后，控制工程造价的关键就在于设计。建设工程全部费用包括工程造价和工程交付使用后的经常开支费用（含经营费用、日常维护修理费用、使用期内大修理和局部更新费用）以及该项目使用期满后的报废拆除费用等。据西方一些国家分析，设计费一般只相当于建设工程全部费用的1％以下，但正是这少于1％的费用对工程造价的影响度占75％以上。由此可见，设计质量对整个工程建设的效益是至关重要的。

2. **主动控制，未雨绸缪，以取得令人满意的结果**

一般说来，造价工程师的基本任务是对建设项目的建设工期、工程造价和工程质量进行有效的控制，为此，应根据业主的要求及建设的客观条件进行综合研究，实事求是地确定一套切合实际的衡量准则。只要造价控制的方案符合这套衡量准则，取得令人满意的结果，则应该说造价控制达到了预期的目标。

长期以来，人们一直把控制理解为目标值与实际值的比较，当实际值偏离目标值时，分析产生偏差的原因，并确定下一步的对策。在工程项目建设全过程进行这样的工程造价控制当然是有意义的。但问题在于，这种立足于调查—分析—决策基础之上的偏离—纠偏—再偏离—再纠偏的控制方法，只能发现偏离，不能使已产生的偏离消失，不能预防可能发生的偏离，因而只能说是被动控制。自20世纪70年代初开始，人们将系统论和控制论研究成果用于项目管理后，将控制立足于事先主动地采取决策措施，以尽可能地减少以至避免目标值与实际值的偏离，这是主动的、积极的控制方法，因此被称为主动控制。也就是说，我们的工程造价控制，不仅要反映投资决策，反映设计、发包和施工，被动地控制工程造价，更要能动地影响投资决策，影响设计、发包和施工，主动地控制工程造价。

3. 技术与经济相结合是控制工程造价最有效的手段

要有效地控制工程造价，应从组织、技术、经济等多方面采取措施。从组织上采取的措施，包括明确项目组织结构，明确造价控制者及其任务，明确管理职能分工；从技术上采取措施，包括重视设计多方案选择，严格审查监督初步设计、技术设计、施工图设计、施工组织设计，深入技术领域研究节约投资的可能；从经济上采取措施，包括动态地比较造价的计划值和实际值，严格审核各项费用支出，采取对节约投资的有力奖励措施等。国外的技术人员时刻考虑如何降低工程造价，而我国技术人员则把它看成与己无关，是财会人员的职责。而财会人员的主要责任是根据财务制度办事，他们往往不熟悉工程知识，也较少了解工程进展中的各种关系和问题，往往单纯地从财务制度角度审核费用开支，难以有效地控制工程造价。为此，迫切需要解决以提高工程投资效益为目的，在工程建设过程中把技术与经济有机结合，通过技术比较、经济分析和效果评价，正确处理技术先进与经济合理两者之间的对立统一关系，力求在技术先进条件下的经济合理，在经济合理基础上的技术先进，把控制工程造价观念渗透到各项设计和施工技术措施之中。

工程造价的确定和控制之间，存在相互依存、相互制约的辩证关系。首先，工程造价的确定是工程造价控制的基础和载体。没有造价的确定，就没有造价的控制；没有造价的合理确定，也就没有造价的有效控制。其次，造价的控制寓于工程造价确定的全过程，造价的确定过程也就是造价的控制过程，只有通过逐项控制、层层控制才能最终合理确定造价。最后，确定造价和控制造价的最终目的是同一的，即合理使用建设资金，提高投资效益，遵守价值规律和市场运行机制，维护有关各方合理的经济利益。可见二者相辅相成。

三、工程造价控制的主要内容

1. 各阶段的控制重点

(1)项目决策阶段。根据拟建项目的功能要求和使用要求，做出项目定义，包括项目投资定义，并按照项目规划的要求和内容以及项目分析和研究的不断深入，逐步地将投资估算的误差率控制在允许的范围之内。

(2)初步设计阶段。运用设计标准与标准设计、价值工程和限额设计方法等，以可行性研究报告中被批准的投资估算为工程造价目标书，控制和修改初步设计直至满足要求。

(3)施工图设计阶段。以被批准的设计概算为控制目标，应用限额设计、价值工程等方法，以设计概算为控制目标控制和修改施工图设计。通过对设计过程中所形成的工程造价层层限额设计，以实现工程项目设计阶段的工程造价控制目标。

(4)招标投标阶段。以工程设计文件(包括概、预算)为依据，结合工程施工的具体情况，如现场条件、市场价格、业主的特殊要求等，按照招标文件的制定，编制招标工程的标底价，明确合同计价方式，初步确定工程的合同价。

(5)工程施工阶段。以施工图预算或标底价、工程合同价等为控制依据，通过工程计量、控制工程变更等方法，按照承包人实际完成的工程量，严格确定施工阶段实际发生的工程费用。以合同价为基础，考虑物价上涨、工程变更等因素，合理确定进度款和结算款，控制工程实际费用的支出。

(6)竣工验收阶段。全面汇总工程建设中的全部实际费用，编制竣工决算，如实体现建设项目的工程造价，并总结经验，积累技术经济数据和资料，不断提高工程造价管理水平。

2. 关键控制环节

从各阶段的控制重点可见，要有效控制工程造价，关键应把握以下四个环节：

(1)决策阶段做好投资估算。投资估算对工程造价起到指导和总体控制的作用。在投资决策过程中，特别是从工程规划阶段开始，预先对工程投资额度进行估算，有助于业主对工程建设各项技术经济方案做出正确决策，从而对今后工程造价的控制起到决定性的作用。

(2)设计阶段强调限额设计。设计是工程造价的具体化，是仅次于决策阶段影响投资的关键。为了避免浪费，采取限额设计是控制工程造价的有力措施。强调限额设计并不是意味着一味追求节约资金，而是体现了尊重科学，实事求是，保证设计科学合理，确保投资估算真正起到工程造价控制的作用。经批准的投资估算作为工程造价控制的最高限额，是限额设计控制工程造价的主要依据。

(3)招标投标阶段重视施工招标。业主通过施工招标这一经济手段，择优选定承包商，不仅有利于确保工程质量和缩短工期，更有利于降低工程造价，是工程造价控制的重要手段。施工招标应根据工程建设的具体情况和条件，采用合适的招标形式，编制招标文件应符合法律法规，内容齐全，前后一致，避免出错和遗漏。评标前要明确评标原则。招标工作最终结果，是实现工程双方签订施工合同。

(4)施工阶段加强合同管理与事前控制。施工阶段是工程造价的执行和完成阶段。在施工中通过跟踪管理，对承发包双方的实际履约行为掌握第一手资料，经过动态纠偏，及时发现和解决施工中的问题，有效地控制工程质量、进度和造价。事前控制工作重点是控制工程变更和防止发生索赔。施工过程要搞好工程计量与结算，做好与工程造价相统一的质量、进度等各方面的事前、事中、事后控制。

第二章 工程造价的构成

第一节 建设项目投资构成

建设项目总投资是指投资主体为获取预期收益，在选定的建设项目上投入所需全部资金的经济行为。按照原国家计委（计办投资[2002]15号）发行的《投资项目可行性研究指南》规定，我国建设项目总投资含建设投资和流动资产投资两部分。其中建设投资（主要是固定资产投资）就是我们常说的工程造价，包括：建筑安装工程费用，设备及工、器具购置费，工程建设其他费用，预备费，建设期贷款利息和固定资产投资方向调节税。

我国现行建设工程项目总投资构成如图2-1所示。

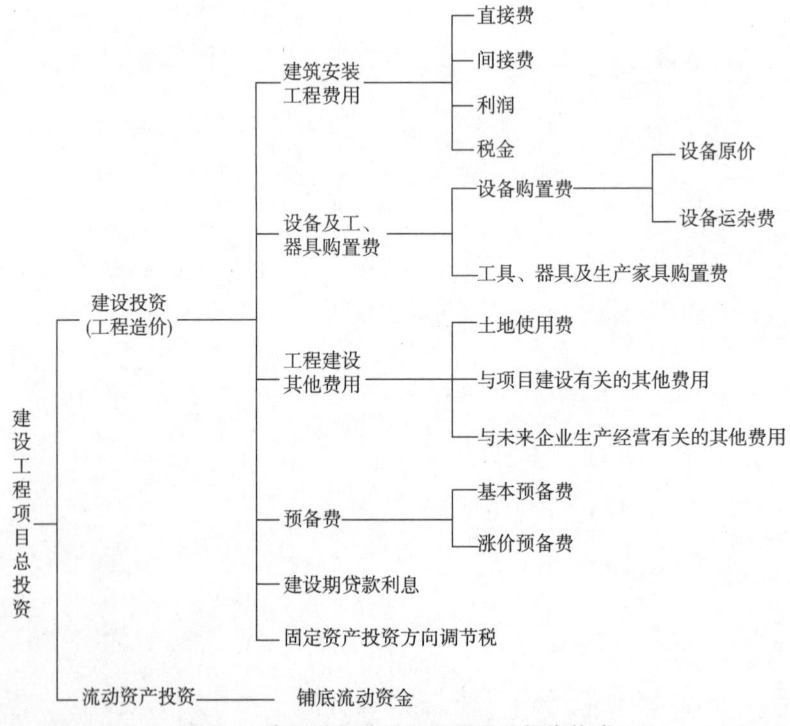

图2-1 我国现行建设工程项目总投资构成

建设投资由工程费用(建筑工程费、设备购置费、安装工程费)、工程建设其他费用和预备费(基本预备费和价差预备费)组成。其中建筑工程费和安装工程费有时又通称为建筑安装工程费。

建设期贷款利息包括支付金融机构的贷款利息和为筹集资金而发生的融资费用。

固定资产投资方向调节税是指国家为贯彻产业政策、引导投资方向、调整投资结构而征收的投资方向调整税金(目前已暂停征收)。

第二节　建筑安装工程造价构成

一、建筑安装工程费用内容

1. 建筑工程费用内容

(1)各类房屋建筑工程和列入房屋建筑工程预算的供水、采暖、卫生、通风、煤气等设备费用及装饰工程的费用,列入建筑工程预算的各种管道、电力、电信和电缆导线敷设工程的费用。

(2)设备基础、支柱、工作台、烟囱、水塔、水池等建筑工程以及各种炉窑的砌筑工程和金属结构工程的费用。

(3)为施工而进行的场地平整工程和水文地质勘察,原有建筑物和障碍物的拆除以及施工临时用水、电、气、路和完工后的场地清理,环境绿化、美化等工作的费用。

(4)矿井开凿、井巷延伸、露天矿剥离,石油、天然气钻井,修建铁路、公路、桥梁、水库、堤坝、灌渠及防洪等工程的费用。

2. 安装工程费用内容

(1)生产、动力、起重、运输、传动、医疗、实验等各种需要安装的机械设备的装配费用,与设备相连的工作台、梯子、栏杆等装设工程费用,附属于被安装设备的管线敷设工程费用,以及被安装设备的绝缘、防腐、保温、油漆等工作的材料费和安装费。

(2)为测定安装工程质量,对单台设备进行单机试运转、对系统设备进行系统联动无负荷试运转工作的调试费。

二、建筑安装工程造价的构成

按照建设部、财政部建标[2003]206 号文件《关于印发(建筑安装工程费用项目组成)的通知》规定:建筑安装工程费用项目由直接费、间接费、利润和税金组成,见图 2-2。

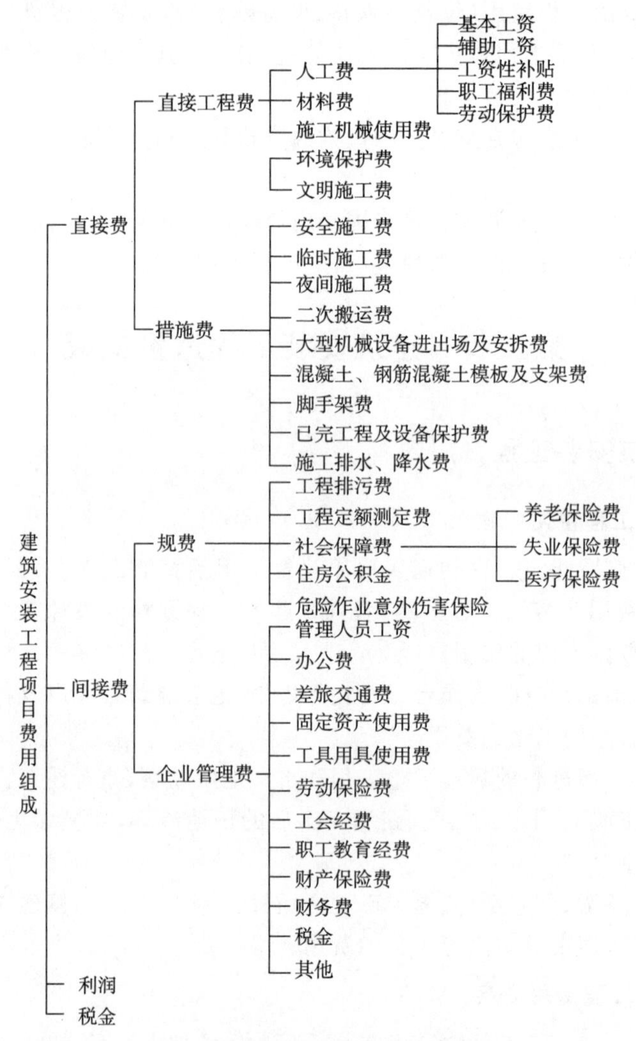

图 2-2　建筑安装工程费用项目组成

按照 2013 年 7 月 1 日起施行的国家标准《建设工程工程量清单计价规范》(GB 50500—2013)的有关规定，实行工程量清单计价，建筑安装工程造价则由分部分项工程费、措施项目费、其他项目费和规费、税金组成，见图 2-3。

《建筑安装工程费用项目组成》(建标[2013]44 号文)主要表述的是建筑安装工程费用项目的组成，而《建设工程工程量清单计价规范》(GB 50500—2013)的建筑安装工程造价要求的是建筑安装工程在工程交易和工程实施阶段工程造价的组价要求。二者在计算建筑安装工程造价的角度上存在差异，应引起注意。

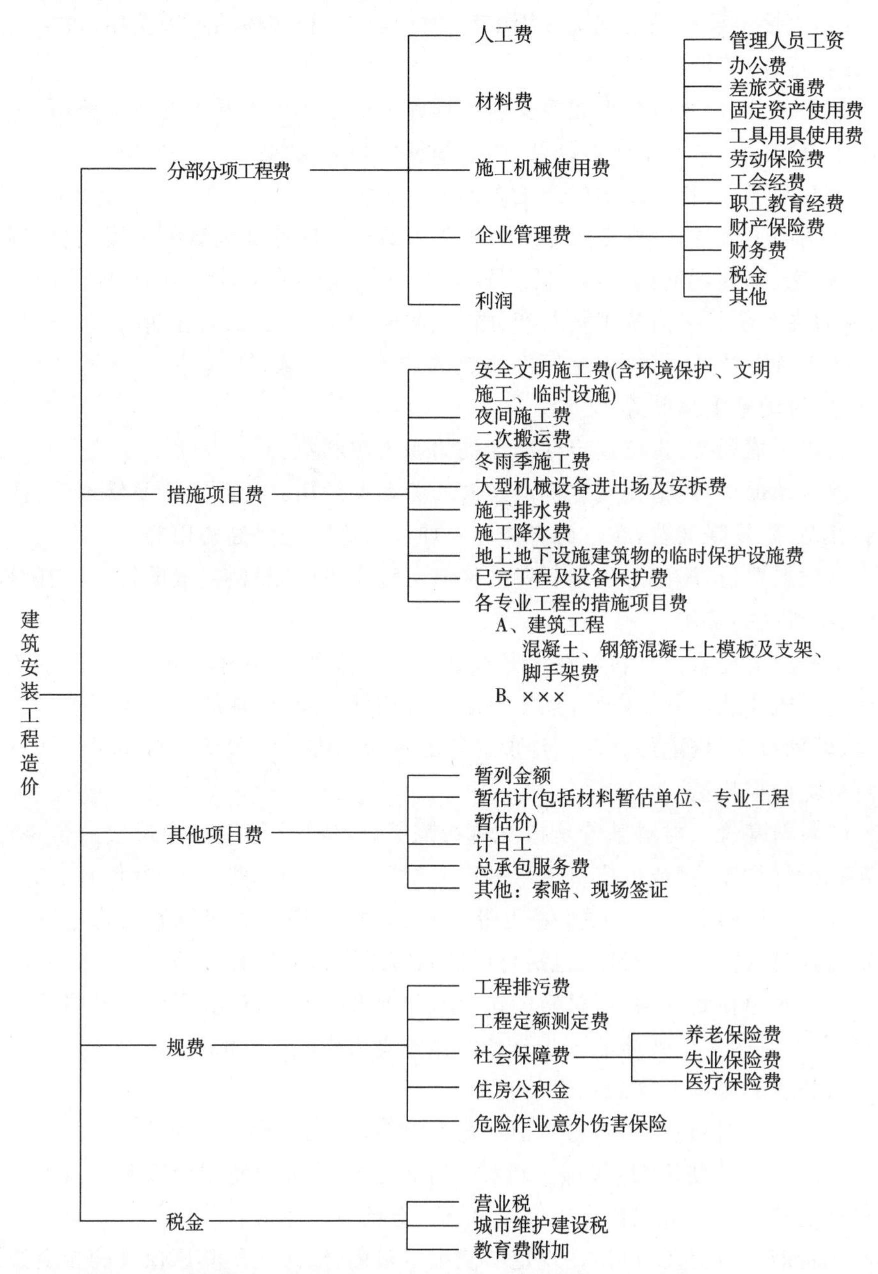

图 2-3　工程量清单计价的建筑安装工程造价组成

1. 直接费

由直接工程费和措施费组成。

(1)直接工程费是指施工过程中耗费的构成工程实体的各项费用,包括人工费、材料费、施工机械使用费。

1)人工费:指直接从事建筑安装工程施工的生产工人开支的各项费用,包括基本工资、辅助工资、工资性补贴、职工福利费和劳动保护费。

①基本工资:指发放给生产工人的基本工资。

②辅助工资:指生产工人年有效施工天数以外非作业天数的工资,包括调动工作、探亲、休假期间的工资,职工学习、培训期间的工资,因气候影响的停工工资,病假在六个月以内的工资及产、婚、丧假期的工资,女工哺乳期间的工资。

③工资性补贴:指按规定标准发放的物价补贴,煤、燃气补贴,交通补贴,住房补贴,流动施工津贴等。

④职工福利费:指按规定标准计提的职工福利费。

⑤劳动保护费:指按规定标准发放的劳动保护用品的购置费及修理费,徒工服装补贴,防暑降温费,在有碍身体健康环境中施工的保健费用等。

2)材料费:指施工过程中耗费的构成工程实体的原材料、辅助材料、构配件、零件、半成品的费用。

①材料消耗量。材料消耗量是指在合理和节约使用材料的条件下,生产单位假定建筑安装产品(分部分项工程或结构构件)必须消耗的一定品种规格的原材料、辅助材料、构配件、零件、半成品等的数量标准。它包括材料净用量和材料不可避免的损耗量。

②材料基价。材料基价是指材料在购买、运输、保管过程中形成的价格,其内容包括材料原价(或供应价格)、材料运杂费、运输损耗费、采购及保管费等。

③检验试验费。检验试验费是指对建筑材料、构件和建筑安装物进行一一鉴定、检查分析发生的费用,包括自设试验室进行试验所耗用的材料和化学药品等费用。不包括新结构、新材料的试验费和建设单位对有出厂合格证明的材料进行检验,对构件做破坏性试验及其他特殊要求检验试验的费用。

材料费的基本计算公式为:

$$材料费=\sum(材料消耗量\times材料基价)+检验试验费$$

3)施工机械使用费:指施工机械作业所发生的机械使用费以及机械安拆费和场外运费。施工机械台班单价应由下列七项费用组成:

①折旧费:指施工机械在规定的使用年限内,陆续收回其原值及购置资金的时间价值。

②大修理费:指施工机械按规定的大修理间隔台班进行必要的大修理,以恢复其正常功能所需的费用。

③经常修理费:指施工机械除大修理以外的各级保养和临时故障排除所需

的费用。包括为保障机械正常运转所需替换设备与随机配备工具附具的摊销和维护费用，机械运转中日常保养所需润滑与擦拭的材料费用及机械停滞期间的维护和保养费用等。

④人工费：指机上司机（司炉）和其他操作人员的工作日人工费及上述人员在施工机械规定的年工作台班以外的人工费。

⑤燃料动力费：指施工机械在运转作业中所消耗的固体燃料（煤、木柴）、液体燃料（汽油、柴油）及水、电等。

⑥车船使用税：指施工机械按照国家规定和有关部门规定应缴纳的车船使用税、保险费及年检费等。

⑦安拆费及场外运费：安拆费指施工机械在现场进行安装与拆卸所需的人工、材料、机械和试运转费用以及机械辅助设施的折旧、搭设、拆除等费用；场外运费指施工机械整体或分体自停放地点运至施工现场或由一施工地点运至另一施工地点的运输、装卸、辅助材料及架线等费用。

(2)措施费是指为完成工程项目施工，发生于该工程施工前和施工过程中非工程实体项目的费用。措施费内容包括以下几个方面：

1)环境保护费。

2)文明施工费。

3)安全施工费。

4)临时设施费：指施工企业为进行建筑工程施工所必须搭设的生活和生产用的临时建筑物、构筑物和其他临时设施费用等。临时设施费用包括临时设施的搭设、维修、拆除费或摊销费。

5)已完工程及设备保护费：指竣工验收前，对已完工程及设备进行保护所需的费用。

6)施工排水、降水费：指为确保工程在正常条件下施工，采取各种排水、降水措施所发生的各种费用。

7)混凝土、钢筋混凝土模板及支架费：指混凝土施工过程中需要的各种钢模板、木模板、支架等的支、拆、运输费用及模板、支架的摊销（或租赁）费用。

8)大型机械设备进出场及安拆费：指机械整体或分体自停放场地运至施工现场或由一个施工地点运至另一个施工地点所发生的机械进出场运输及转移费用，以及机械在施工现场进行安装、拆卸所需的人工费、材料费、机械费、试运转费和安装所需的辅助设施的费用。

9)二次搬运费：指因施工场地狭小等特殊情况而发生的二次搬运费用。

10)夜间施工费：指因夜间施工所发生的夜班补助费、夜间施工降效、夜间施工照明设备摊销及照明用电等费用。

11)脚手架费：指施工需要的各种脚手架搭、拆、运输费用及脚手架的摊销(或租赁)费用。

2. 间接费

由规费、企业管理费组成。

(1)规费是指政府和有关权力部门规定必须缴纳的费用(简称规费)，包括以下几方面内容：

1)工程排污费：指施工现场按规定缴纳的工程排污费。

2)工程定额测定费：指按规定支付工程造价(定额)管理部门的定额测定费。

3)社会保障费：指养老保险费、失业保险费和医疗保险费等。

4)住房公积金：指企业按规定标准为职工缴纳的住房公积金。

5)危险作业意外伤害保险：指按照建筑法规定，企业为从事危险作业的建筑安装施工人员支付的意外伤害保险费。

(2)企业管理费是指建筑安装企业组织施工生产和经营管理所需费用。

企业管理费内容包括以下几方面：

1)管理人员工资：指管理人员的基本工资、工资性补贴、职工福利费、劳动保护费等。

2)办公费：指企业管理办公用的文具、纸张、账表、印刷、邮电、书报、会议、水电、烧水和集体取暖(包括现场临时宿舍取暖)用煤等费用。

3)差旅交通费：指市内交通费和误餐补助费，职工因公出差、调动工作的差旅费，住勤补助费，职工探亲路费，劳动力招募费，工伤人员就医路费，职工离退休、退职一次性路费，工地转移费以及管理部门使用的交通工具的油料、燃料及牌照费。

4)固定资产使用费：指管理和试验部门及附属生产单位使用的属于固定资产的房屋、设备仪器等的折旧、大修、维修或租赁费。

5)工具用具使用费：指管理使用的不属于固定资产的生产工具、器具、家具、交通工具和检验、试验、测绘、消防用具等的购置、维修和摊销费。

6)劳动保险费：指由企业支付离退休职工的易地安家补助费、职工退职金、六个月以上的病假人员工资、职工死亡丧葬补助费、抚恤费、按规定支付给离休干部的各项经费。

7)财务费：指企业为筹集资金而发生的各种费用。

8)工会经费：指企业按职工工资总额计提的工会经费。

9)职工教育经费：指企业为职工学习先进技术和提高文化水平，按职工工资总额计提的费用。

10)财产保险费：指施工管理用财产、车辆保险。

11)税金:指企业按规定缴纳的房产税、车船使用税、土地使用税、印花税等。

12)其他:包括技术转让费、技术开发费、业务招待费、绿化费、广告费、公证费、法律顾问费、审计费、咨询费等。

3. 利润

利润指施工企业完成所承包工程获得的盈利。

4. 税金

税金指国家税法规定的应计入建筑安装工程造价内的营业税、城市维护建设税及教育费附加等。

第三节　设备及工器具购置费的构成

设备及工具、器具是工业部门的产品,购置设备及工具、器具的过程是一种转移价值的活动。国家规定,设备及工器具购置费用由原价、供销部门手续费、包装费、运输费和采购及保管费 5 个部分组成。

在未来生产中,设备可以增加生产能力,而工具和器具则做不到这一点。因此,在设备及工具、器具购置费用中,应尽量扩大设备购置费用所占比重,以便提高投资效益。

设备及工、器具购置费用＝设备购置费＋工、器具及生产家具购置费

一、设备购置费的构成

设备购置费是指为建设项目购置或自制的达到固定资产标准的各种国产或进口设备、工具、器具的购置费用。

设备购置费＝设备原价＋设备运杂费

1. 设备原价

(1)国产设备原价的构成和计算:国产设备原价一般指的是设备制造厂的交货价或订货合同价。国产设备原价分为国产标准设备原价和国产非标准设备原价。

1)国产标准设备原价。国产标准设备是指按照主管部门颁布的标准图纸和技术要求,由我国设备生产厂批量生产的,符合国家质量检测标准的设备。国产标准设备原价有两种,即带有备件的原价和不带有备件的原价。在计算时,一般采用带有备件的原价。

2)国产非标准设备原价。国产非标准设备是指国家尚无定型标准,各设备生产厂不可能在工艺过程中采用批量生产,只能按一次订货,并根据具体的设计

图纸制造的设备。非标准设备原价有多种不同的计算方法，如成本计算估价法、系列设备插入估价法、分部组合估价法、定额估价法等。但无论采用哪种方法都应该使非标准设备计价接近实际出厂价，并且计算方法要简便。按成本计算估价法，非标准设备的原价由以下各项组成：

①材料费。其计算公式如下：

材料费＝材料净重×(1＋加工损耗系数)×每吨材料综合价

②加工费。包括生产工人工资和工资附加费、燃料动力费、设备折旧费、车间经费等。其计算公式如下：

加工费＝设备总重量(吨)×设备每吨加工费

③辅助材料费(简称辅材费)。包括焊条、焊丝、氧气、氩气、氮气、油漆、电石等费用。其计算公式如下：

辅助材料费＝设备总重量×辅助材料费指标

④专用工具费。按①～③项之和乘以一定百分比计算。

⑤废品损失费。按①～④项之和乘以一定百分比计算。

⑥外购配套件费。按设备设计图纸所列的外购配套件的名称、型号、规格、数量、重量，根据相应的价格加运杂费计算。

⑦包装费。按①～⑥项之和乘以一定百分比计算。

⑧利润。可按①～⑤加第⑦项之和乘以一定利润率计算。

⑨税金。主要指增值税。计算公式为：

增值税＝当期销项税额－进项税额

当期销项税额＝销售额×适用增值税率

销售额＝①～⑧项之和

⑩非标准设备设计费。按国家规定的设计费收费标准计算。

综上所述，单台非标准设备原价可用下面的公式表达：

单台非标准设备原价＝{[(材料费＋加工费＋辅助材料费)×(1＋专用工具费率)×(1＋废品损失费率)＋外购配套件费]×(1＋包装费率)－外购配套件费}×(1＋利润率)＋销项税金＋非标准设备设计费＋外购配套件费

(2)进口设备原价的构成和计算：进口设备原价是指进口设备的抵岸价，即抵达买方边境港口或边境车站，且交完关税等税费后形成的价格。进口设备抵岸价的构成与进口设备的交货类别有关。

1)进口设备的交货类别。进口设备的交货类别可分为内陆交货类、目的地交货类、装运港交货类。

①内陆交货类。即卖方在出口国内陆的某个地点交货。在交货地点，卖方及时提交合同规定的货物和有关凭证，并负担交货前的一切费用和风险；买方按时接受货物，交付货款，负担接货后的一切费用和风险，并自行办理出口手续和装运出口。货物的所有权也在交货后由卖方转移给买方。

②目的地交货类。即卖方在进口国的港口或内地交货，有目的港船上交货价、目的港船边交货价(FOS)和目的港码头交货价(关税已付)及完税后交货价(进口国的指定地点)等几种交货价。它们的特点是：买卖双方承担的责任、费用和风险是以目的地约定交货点为分界线，只有当卖方在交货点将货物置于买方控制下才算交货，才能向买方收取货款。这种交货类别对卖方来说承担的风险较大，在国际贸易中卖方一般不愿采用。

③装运港交货类。即卖方在出口国装运港交货，主要有装运港船上交货价(FOB)，习惯称离岸价格，运费在内价(C&F)和运费、保险费在内价(CIF)，习惯称到岸价格。它们的特点是：卖方按照约定的时间在装运港交货，只要卖方把合同规定的货物装船后提供货运单据便完成交货任务，可凭单据收回货款。

装运港船上交货价(FOB)是我国进口设备采用最多的一种货价。采用船上交货价时卖方的责任是：在规定的期限内，负责在合同规定的装运港口将货物装上买方指定的船只，并及时通知买方；负担货物装船前的一切费用和风险，负责办理出口手续；提供出口国政府或有关方面签发的证件；负责提供有关装运单据。买方的责任是：负责租船或订舱，支付运费，并将船期、船名通知卖方；负担货物装船后的一切费用和风险；负责办理保险及支付保险费，办理在目的港的进口和收货手续；接受卖方提供的有关装运单据，并按合同规定支付货款。

2)进口设备抵岸价的构成及计算。进口设备采用最多的是装运港船上交货价(FOB)，其抵岸价的构成可概括为：

进口设备抵岸价＝货价＋国际运费＋运输保险费＋银行财务费＋
外贸手续费＋关税＋增值税＋消费税＋车辆购置附加费

①货价。一般指装运港船上交货价(FOB)。设备货价分为原币货价和人民币货价，原币货价一律折算为美元表示，人民币货价按原币货价乘以外汇市场美元兑换人民币中间价确定。进口设备货价按有关生产厂商询价、报价、订货合同价计算。

②国际运费。即从装运港(站)到达我国抵达港(站)的运费。我国进口设备大部分采用海洋运输，小部分采用铁路运输，个别采用航空运输。进口设备国际运费计算公式为：

国际运费(海、陆、空)＝原币货价(FOB)×运费率

或国际运费(海、陆、空)=运量×单位运价

其中,运费率或单位运价参照有关部门或进出口公司的规定执行。

③运输保险费。对外贸易货物运输保险是由保险人(保险公司)与被保险人(出口人或进口人)订立保险契约,在被保险人交付议定的保险费后,保险人根据保险契约的规定对货物在运输过程中发生的承保责任范围内的损失给予经济上的补偿。这是一种财产保险。计算公式为:

$$运输保险费=\frac{原币货价(FOB)+国外运费}{1-保险费率}\times保险费率$$

其中,保险费率按保险公司规定的进口货物保险费率计算。

④银行财务费。一般是指中国银行手续费,可按下式简化计算:

银行财务费=人民币货价(FOB)×银行财务费率

⑤外贸手续费。指委托具有外贸经营权的经贸公司采购而发生的外贸手续费用,外贸手续费率一般取15%。计算公式为:

外贸手续费=[装运港船上交货价(FOB)+国际运费+运输保险费]×外贸手续费率

⑥关税。由海关对进出国境或关境的货物和物品征收的一种税。计算公式为:

关税=到岸价格(CIF)×进口关税税率

其中,到岸价格(CIF)包括离岸价格(FOB)、国际运费、运输保险费,它作为关税完税价格。进口关税税率分为优惠和普通两种。优惠税率适用于与我国签订关税互惠条款的贸易条约或协定的国家的进口设备;普通税率适用于未与我国签订关税互惠条款的贸易条约或协定的国家的进口设备。进口关税税率按我国海关总署发布的进口关税税率计算。

⑦增值税。是对从事进口贸易的单位和个人,在进口商品报关进口后征收的税种。我国增值税条例规定,进口应税产品均按组成计税价格和增值税税率直接计算应纳税额,即:

进口产品增值税额=组成计税价格×增值税税率

组成计税价格=关税完税价格+关税+消费税

增值税税率根据规定的税率计算。

⑧消费税。对部分进口设备(如轿车、摩托车等)征收,一般计算公式为:

$$应纳消费税额=\frac{到岸价+关税}{1-消费税税率}\times消费税税率$$

其中,消费税税率根据规定的税率计算。

⑨车辆购置附加费:进口车辆需缴进口车辆购置附加费。其计算公式如下:

进口车辆购置附加费=(到岸价+关税+消费税+增值税)×进口车辆购置附加费率

2. 设备运杂费

(1)设备运杂费的构成。设备运杂费通常由下列各项构成：

1)运费和装卸费。国产设备由设备制造厂交货地点起至工地仓库(或施工组织设计指定的需要安装设备的堆放地点)止所发生的运费和装卸费；进口设备则由我国到岸港口或边境车站起至工地仓库(或施工组织设计指定的需安装设备的堆放地点)止所发生的运费和装卸费。

2)包装费。在设备原价中没有包含的，为运输而进行的包装支出的各种费用。

3)设备供销部门的手续费。按有关部门规定的统一费率计算。

4)采购与仓库保管费。指采购、验收、保管和收发设备所发生的各种费用，包括设备采购人员、保管人员和管理人员的工资、工资附加费、办公费、差旅交通费，设备供应部门办公和仓库所占固定资产使用费、工具用具使用费、劳动保护费、检验试验费等这些费用可按主管部门规定的采购与保管费费率计算。

(2)设备运杂费的计算。设备运杂费按设备原价乘以设备运杂费率计算，其公式为：

设备运杂费＝设备原价×设备运杂费率

其中，设备运杂费率按各部门及各省、自治区、直辖市等的规定计取。

二、工器具及生产家具购置费的构成

工具、器具及生产家具购置费，是指新建或扩建项目初步设计规定的，保证初期正常生产必须购置的没有达到固定资产标准的设备、仪器、工卡模具、器具、生产家具和备品备件等的购置费用。一般以设备费为计算基数，按照部门或行业规定的工具、器具及生产家具费率计算。计算公式为：

工具、器具及生产家具购置费＝设备购置费×定额费率

第四节　预备费、建设期贷款利息、固定资产投资方向调节税

一、预备费

按我国现行规定，预备费包括基本预备费和价差预备费两种。

1. 基本预备费

基本预备费是指在投资估算或设计概算内难以预料的工程费用，费用内容包括：

(1)在批准的初步设计范围内,技术设计、施工图设计及施工过程中所增加的工程费用;设计变更、局部地基处理等增加的费用。

(2)一般自然灾害造成的损失和预防自然灾害所采取的措施费用。实行工程保险的工程项目费用应适当降低。

(3)竣工验收时为鉴定工程质量,对隐蔽工程进行必要的挖掘和修复费用。

(4)超长、超宽、超重引起的运输增加费用等。

基本预备费估算,一般是以建设项目的工程费用和工程建设其他费用之和为基础,乘以基本预备费率进行计算。基本预备费率的大小,应根据建设项目的设计阶段和具体的设计深度,以及在估算中所采用的各项估算指标与设计内容的贴近度、项目所属行业主管部门的具体规定确定。

2. 价差预备费

价差预备费是指建设项目在建设期间,由于价格等变化引起工程造价变化的预测预留费用。

费用内容包括:人工、设备、材料、施工机械的价差费,建筑安装工程费及工程建设其他费用调整,利率、汇率调整等增加的费用。价差预备费的测算方法,一般根据国家规定的投资综合价格指数,按估算年份价格水平的投资额为基数,根据价格变动趋势,预测价值上涨率,采用复利方法计算。

二、建设期贷款利息

建设期贷款利息指在项目建设期发生的支付银行贷款、出口信贷、债券等的借款利息和融资费用。大多数的建设项目都会利用贷款来解决自有资金的不足,以完成项目的建设,从而达到项目运行获取利润的目的。利用贷款必须支付利息和各种融资费用,所以,在建设期支付的贷款利息,也构成了项目投资的一部分。

建设期贷款利息的估算,根据建设期资金用款计划,可按当年借款在当年年中支用考虑,即当年借款按半年计息,上年借款按全年计息。利用国外贷款的利息计算中,年利率应综合考虑贷款协议中向贷款方加收的手续费、管理费、承诺费;以及国内代理机构向贷款方收取的转贷费、担保费和管理费等。

三、固定资产投资方向调节税

1. 税率

投资方向调节税根据国家产业政策和项目经济规模实行差别税率,税率为0、5%、10%、15%、30%五个档次。差别税率按两大类设计,一是基本建设项目投资,二是更新改造项目投资。对前者设计了四档税率,即0、5%、15%、30%;对后者设计了两档税率,即0、10%。

(1)基本建设项目投资适用的税率：

1)国家急需发展的项目投资，如农业、林业、水利、能源、交通、通讯、原材料、科教、地质、勘探、矿山开采等基础产业和薄弱环节的部门项目投资，适用零税率。

2)对国家鼓励发展但受能源、交通等制约的项目投资，如钢铁、化工、石油、水泥等部分重要原材料项目，以及一些重要机械、电子、轻工工业和新型建材的项目，实行5%的税率。

3)为配合住房制度改革，对城乡个人修建、购买住宅的投资实行零税率。

4)对单位修建、购买一般性住宅投资，实行5%的低税率；对单位用公款修建、购买高标准独门独院、别墅式住宅投资，实行30%的高税率。

5)对楼堂馆所以及国家严格限制发展的项目投资，课以重税，税率为30%。

6)对不属于上述五类的其他项目投资，实行中等税负政策，税率为15%。

(2)更新改造项目投资适用的税率：

1)为了鼓励企事业单位进行设备更新和技术改造，促进技术进步，对国家急需发展的项目投资，予以扶持，适用零税率；对单纯工艺改造和设备更新的项目投资，适用零税率。

2)对不属于上述提到的其他更新改造项目投资，一律适用10%的税率。

2. 计税依据

投资方向调节税以固定资产投资项目实际完成投资额为计税依据。

3. 计税方法

首先，确定不含税工程造价。当采用工料单价法时，不含税工程造价为直接费、间接费与利润之和；当采用综合单价法时，不含税工程造价由分部分项工程费、措施项目费、其他项目费以及规费组成；其次，确定单位工程的适用税率；最后，计算各个单位工程应纳的投资方向调节税税额并且将各个单位工程应纳的税额汇总，即得出整个项目的应纳税额。

4. 缴纳方法

投资方向调节税按固定资产投资项目的单位工程年度计划投资额预缴，年度终了后，按年度实际完成投资额结算，多退少补。项目竣工后，按应征收投资方向调节税的项目及其单位工程的实际完成投资额进行清算，多退少补。

第五节　工程建设其他费用组成

一、土地使用费

土地使用费是指通过划拨方式取得土地使用权而支付的土地征用及迁移补

偿费，或者通过土地使用权出让方式取得土地使用权而支付的土地使用权出让金。

1. 土地征用及迁移补偿费

土地征用及迁移补偿费是指建设项目通过划拨方式取得无限期的土地使用权，依照《中华人民共和国土地管理法》等规定所支付的费用，其总和一般不得超过被征土地年产值的30倍，土地年产值则按该地被征用前3年的平均产量和国家规定的价格计算。其内容包括以下几个方面：

(1)土地补偿费。征用耕地(包括菜地)的补偿标准，为该耕地年产值的6～10倍，具体补偿标准由省、自治区、直辖市人民政府在此范围内制定。征用园地、鱼塘、藕塘、苇塘、宅基地、林地、牧场、草原等的补偿标准，由省、自治区、直辖市人民政府制定。征收无收益的土地，不予补偿。

(2)青苗补偿费和被征用土地上的房屋、水井、树木等附着物补偿费。这些补偿费的标准由省、自治区、直辖市人民政府制定。征用城市郊区的菜地时，还应按照有关规定向国家缴纳新菜地开发建设基金。

(3)安置补助费。征用耕地、菜地的，每个农业人口的安置补助费为该地每亩年产值的4～6倍，每亩耕地的安置补助费最高不得超过其年产值的10倍。

(4)缴纳的耕地占用税或城镇土地使用税、土地登记费及征地管理费等。县市土地管理机关从征地费中提取土地管理费的比率，要按征地工作量大小，视不同情况，在1%～4%幅度内提取。

(5)征地动迁费。包括征用土地上的房屋及附属构筑物、城市公共设施等拆除或迁建补偿费、搬迁运输费，企业单位因搬迁造成的减产、停工损失补贴费，拆迁管理费等。

(6)水利水电工程水库淹没处理补偿费。包括农村移民安置迁建费，库区工矿企业、交通、电力、通信、广播、管网、水利等的恢复、迁建补偿费，库底清理费，防护工程费，环境影响补偿费等。

2. 土地使用权出让金

土地使用权出让金，指建设项目通过土地使用权出让方式，取得有限期的土地使用权，依照《中华人民共和国城镇国有土地使用权出让和转让暂行条例》规定，支付土地使用权出让金。

(1)明确国家是城市土地的唯一所有者，并分层次、有偿、有限期地出让、转让城市土地。第一层次是城市政府将国有土地使用权让给用地者，该层次由政府垄断经营。出让对象可以是有法人资格的企事业单位，也可以是外商。第二层次及以下层次的转让则发生在使用者之间。

(2)城市土地的出让和转让可采用协议、招标、公开拍卖等方式。

1)协议方式是由用地单位申请,经政府批准同意后双方洽谈具体地块及地价。该方式适用于市政工程、公益事业用地以及需要减免地价的机关、部队用地和需要重点扶持、优先发展的产业用地。

2)招标方式是在规定的时限内,用地单位以书面形式投标,政府根据投标报价、所提供的规划方案以及企业信誉综合考虑,择优采用。该方式适用于一般工程建设用地。

3)公开拍卖是指在指定的地点和时间,由申请用地者叫价应价,价高者得。这完全是由市场竞争决定,适用于盈利高的行业用地。

(3)在有偿出让和转让土地时,政府对地价不作统一规定,但应坚持以下原则:

1)地价对目前的投资环境不产生大的影响。

2)地价与当地的社会经济承受能力相适应。

3)地价要考虑已投入的土地开发费用、土地市场供求关系、土地用途和使用年限。

(4)关于政府有偿出让土地使用权的年限,各地可根据时间、区位等各种条件作不同的规定,一般为30～50年。按照地面附属建筑物的折旧年限来看,以50年为宜。

(5)土地有偿出让和转让,土地使用者和所有者要签约,明确使用者对土地享有的权利和对土地所有者应承担的义务。

1)有偿出让和转让使用权,要向土地受让者征收契税。

2)转让土地如有增值,要向转让者征收土地增值税。

3)在土地转让期间,国家要区别不同地段、不同用途向土地使用者收取土地占用费。

二、与项目建设有关的其他费用

1. 建设单位管理费

建设单位管理费是指建设项目从立项、筹建、建设、联合试运转、竣工验收交付使用及后评估等全过程管理所需费用,包括以下内容:

(1)建设单位开办费:指新建项目为保证筹建和建设工作正常进行所需办公设备、生活家具、用具、交通工具等购置费用。

(2)建设单位经费:工作人员的基本工资、工资性补贴、职工福利费、劳动保护费、劳动保险费、办公费、差旅交通费、工会经费、职工教育经费、固定资产使用费、工具器具使用费、技术图书资料费、生产人员招募费、工程招标费、合同契约公证费、工程质量监督检测费、工程咨询费、法律顾问费、审计费、业务招待费、排污费、竣工交付使用清理及竣工验收费、后评估等费用。

不包括的费用有：应计入设备、材料预算价格的建设单位采购及保管设备材料所需的费用。

建设单位管理费＝单项工程费用之和×建设单位管理费率

有的建设项目按照建设工期和规定的金额计算建设单位管理费。

2. 勘察设计费

勘察设计费是指为本建设项目提供项目建议书、可行性研究报告及设计文件等所需费用，其内容包括编制项目建议书、可行性研究报告及投资估算、工程咨询、评价以及为编制上述文件所进行勘察、设计、研究试验等所需费用；委托勘察、设计单位进行初步设计、施工图设计及概预算编制等所需费用；在规定范围内由建设单位自行完成的勘察、设计工作所需费用。

3. 研究试验费

研究试验费是指为建设项目提供和验证设计参数、数据、资料等所进行的必要的试验费用以及设计规定在施工中必须进行试验、验证所需费用。包括自行或委托其他部门研究试验所需人工费、材料费、实验设备及仪器使用费等。

4. 建设单位临时设施费

建设单位临时设施费是指建设期间建设单位所需临时设施的搭设、维修、摊销费用或租赁费用。

5. 工程监理费

工程监理费是指建设单位委托工程监理单位对工程实施监理工作所需费用。

6. 工程保险费

工程保险费是指建设项目在建设期间根据需要实施工程保险所需的费用。包括以各种建筑工程及其在施工过程中的物料、机器设备为保险标的的建筑工程一切险，以安装工程中的各种机器、机械设备为保险标的的安装工程一切险，以及机器损坏保险等。

工程保险费＝建筑、安装工程费×相应费率

7. 供电贴费

供电贴费是指建设项目按照国家规定应交付的供电工程贴费、施工临时用电贴费。供电贴费只能用于为增加或改善用户用电而必须新建、扩建和改善的电网建设以及有关的业务支出，由建设银行监督使用，不得挪作他用。

8. 施工机构迁移费

施工机构迁移费的费用内容包括：职工及随同家属的差旅费，调迁期间的工资和施工机械、设备、工具、用具、周转性材料的搬运费。

9. 引进技术和进口设备其他费用

引进技术及进口设备其他费用,包括出国人员费用、外国工程技术人员来华费用、技术引进费、分期或延期付款利息、担保费以及进口设备检验鉴定费。

(1)出国人员费用,指为引进技术和进口设备派出人员在国外培训和进行设计联络、设备检验等的差旅费、制装费、生活费等。

(2)国外工程技术人员来华费用,包括技术服务费、外国技术人员的在华工资、生活补贴、差旅费、住宿费、交通费、宴请费、参观游览等招待费用。

(3)技术引进费指为引进国外先进技术而支付的费用,包括专利费、专有技术费(技术保密费)、国外技术及技术资料费、计算机软件费等。

(4)分期或延期付款利息,指利用出口信贷引进技术或进口设备采取分期或延期付款的办法所支付的利息。

(5)担保费,指国内金融机构为买方出具保函的费用。

(6)进口设备检验鉴定费用,指进口设备按规定付给商品检验部门的进口检验鉴定费。

10. 工程承包费

工程承包费是指具有总承包条件的工程公司,对工程建设项目从开始建设至竣工投产全过程的总承包所需的管理费用。具体内容包括组织勘察设计、设备材料采购、非标设备设计制造与销售、施工招标、发包、工程预决算、项目管理、施工质量监督、隐蔽工程检查、验收和试车直至竣工投产的各种管理费用。

第三章　工 程 定 额

第一节　工程定额的概述

一、定额的基本概述

定额就是规定的额度或限度，即标准。在现代社会生产中，为了生产某一合格的产品，就要消耗一定数量的人力、物力和资金。其消耗数量受生产条件的制约，是各不相同的。在社会生产力发展的过程中，依据一定时期的社会生产发展水平和产品质量的要求，规定出一个社会平均必需的合理消耗标准，这个标准称为定额。

在社会平均的生产条件下，制定为生产质量合格的单位工程产品所必需的人工、材料、机具数量标准，就称为建筑安装工程定额，简称为工程定额。工程定额反映国家一定时期的管理体制和管理制度，根据定额的不同用途和适用范围，由国家指定的机构按照一定程序编制，并按照规定的程序审批和颁发执行。

二、建筑安装工程定额的分类

工程定额是一个综合概念，是建筑安装工程中生产消耗性定额的总称，按其内容、形式、用途和使用要求进行分类。

1. 按生产要素分类

生产要素包括：劳动者、劳动手段和劳动对象，其相应的定额为：劳动消耗定额、机械消耗定额和材料消耗定额。

(1)劳动消耗定额，简称劳动定额。劳动定额是完成一定的合格产品规定的劳动消耗量标准，其大多采用工作时间消耗量来计算劳动消耗量。因此，劳动定额主要的表现形式是时间定额，同时也采用产量定额的形式来表示劳动定额。

(2)机械台班消耗定额，简称机械定额，是指在正常施工条件下，利用某种机械，生产单位合格产品所必须消耗的机械工作时间，或是在单位时间内机械完成合格产品的数量。

(3)材料消耗定额，简称材料定额。材料消耗定额是指完成一定合格产品所需消耗材料的数量标准。这里所指的材料，是工程建设中使用的各类原材料、成品、半成品、构配件、燃料以及水、电等动力资源的总称。

2. 按定额编制程序和用途分类

工程定额又可分为施工定额、预算定额、概算定额、概算指标等。

（1）施工定额，是以同一性质的施工过程为标定对象，规定某种建筑产品的劳动消耗量、机械工作时间消耗和材料消耗量。施工定额是建筑企业内部使用的生产定额。

（2）预算定额，是以各分部分项工程为单位编制的，定额中包括所需人工工日数、各种材料的消耗量和机械台班数量，一般列有相应地区的基价，是计价性的定额。预算定额是以施工定额为基础编制的，它是施工定额的综合和扩大。

（3）概算定额，是以扩大结构构件、分部工程或扩大分项工程为单位编制的，它包括人工、材料和机械台班消耗量，并列有工程费用，也是属于计价性的定额。概算定额是以预算定额为基础编制的，它是预算定额的综合和扩大。

（4）概算指标，是比概算定额更为综合的指标。它是以整个建筑面或构筑物为单位编制的，包括人工、材料和机械台班定额三个组成部分，还列出了各结构部分的工程量和以每百平方米建筑面积或每座构筑物体积为计量单位而规定的造价指标。

（5）投资估算指标，是在项目建议书和可行性研究阶段编制、计算投资需要量时使用的一种定额，一般以独立的单项工程或完整的工程项目为对象，编制和计算投资需要量时使用的一种定额。它也是以预算定额、概算定额为基础的综合和扩大。

3. 按主编单位和执行范围分类

工程定额可分为全国统一定额、行业统一定额、地区统一定额、企业定额和补充定额5种。

（1）全国统一定额，是由国家建设行政主管部门，综合全国工程建设中技术和施工组织管理的情况编制，并在全国范围内执行的定额。

（2）行业统一定额，是考虑到各行业部门专业工程技术特点，以及施工生产和管理水平编制的。一般是只在本行业和相同专业性质的范围内使用的专业定额。

（3）地区统一定额，包括省、自治区、直辖市定额，地区统一定额主要是考虑地区性特点和全国统一定额水平做适当调整补充编制的。

（4）企业定额，是指由施工企业考虑本企业具体情况，参照国家、部门或地区定额的水平制定的定额。企业定额只在企业内部使用，是企业素质的一个标志。企业定额水平一般应高于国家现行定额，才能满足生产技术发展、企业管理和市场竞争的需要。

(5)补充定额,是指随着设计、施工技术的发展,现行定额不能满足需要的情况下,为了补充缺项所编制的定额。补充定额只能在指定的范围内使用,可以作为以后修订定额的基础。

4. 按投资的费用性质分类

(1)建筑工程定额:建筑工程一般是指房屋和构筑物工程。工程定额按专业不同可分为:建筑工程定额(也称土建定额)、安装工程定额(包括:电气工程、暖卫工程、通信工程、工艺管道、热力工程、筑护工程、制冷、仪表、电信及广播等安装工程定额)、给水排水工程定额、公路工程定额等。建筑工程定额在整个工程建设定额中是一种非常重要的定额,在定额管理中占有突出的地位。

(2)设备安装工程定额:设备安装工程是对需要安装的设备进行定位、组合、校正、调试等工作的工程。在工业项目中,机械设备安装和电气设备安装工程占有重要地位。在非生产性的建设项目中,由于社会生活和城市设施的日益现代化,设备安装工程量也在不断增加。设备安装工程定额和建筑工程定额是两种不同类型的定额,一般都要分别编制,各自独立,但是设备安装工程和建筑工程是单项工程的两个有机组成部分,在施工中有时间连续性,也有作业的搭接和交叉,互相协调,在这个意义上通常把建筑和安装工程作为一个施工过程来看待,即建筑安装工程。所以有时合二而一,称为建筑安装工程定额。

(3)建筑安装工程费用定额,是指与建筑安装施工生产的个别产品无关,而为企业生产全部产品所必需,为维持企业的经营管理活动所必需发生的各项费用开支的费用消耗标准。

(4)工程建设其他费用定额,是独立于建筑安装工程、设备和工器具购置之外的其他费用开支的标准。工程建设其他费用的发生和整个项目的建设密切相关。

三、定额的特点与作用

1. 特点

(1)科学性。定额的科学性表现在定额的编制是在认真研究客观规律的基础上,自觉遵循客观规律的要求,用科学方法确定各项消耗量标准,所确定的定额水平是大多数企业和职工经过努力能达到的平均水平。定额的科学性也受到生产资料公有制和社会主义市场经济的制约。

(2)法令性。定额的法令性是指定额一经国家、地方主管部门或授权单位颁发,各地区及有关企业单位都必须严格执行,不得随意改变定额的内容和水平。定额的法令性保证了建筑工程统一的造价和核算尺度。

（3）群众性。定额的拟定和执行都要有广泛的群众基础。定额的拟定通常采取工人、技术人员和专职人员相结合的方式，使拟定定额时能够从实际出发，反映建筑安装工人的实际水平，并保持一定的先进性，使定额容易为广大职工所掌握。

（4）稳定性和时效性。建筑工程中的任何一种定额在一段时期内都表现为相对稳定的状态，根据具体情况不同，稳定的时间有长有短。任何一种建筑工程定额都只能反映一定时期的生产力水平，当生产力向前发展了，定额也要随着生产力的变化而做相应的改变。所以，建筑工程定额在具有稳定性的同时也具有显著的时效性，当定额不能起到它应有的作用时，建筑工程定额就要修订或重新编制。

2. 作用

（1）建筑工程定额是确定建筑工程造价的依据。在有了设计文件规定的工程规模、数量及施工方法之后，即可以依据相应定额所规定的人工、材料、机械设备的耗用量及单位预算值和各种费用标准来确定工程造价。

（2）建筑工程定额是编制工程计划、组织和管理施工的重要依据。为了更好地组织和管理施工生产，必须编制施工进度计划和施工作业计划，在编制计划和组织管理施工生产中直接或间接地要以各种定额标准来计算人力、物力和资金的需用量。

（3）建筑工程定额是建筑企业实行经济责任制及编制招标标底和投标报价的依据。当前全国建筑企业推行经济改革的关键是推行投资包干制和以招标投标为核心的经济责任制。其签订投资包干协议、计算招标标底和投标报价、签订总、分包合同等，通常都是以建筑工程定额为依据。

（4）建筑工程定额是提高劳动生产率的重要手段。施工企业要节约成本，增加盈利和收入，就必须提高劳动生产率，而提高劳动生产率的主要措施是贯彻执行各种定额，把提高劳动生产率的任务落实到每一个班组和个人，促使他们改善操作方式、方法，进行合理的劳动组织，以最少的劳动量投入到相同的生产任务中。

（5）建筑工程定额有利于市场行为的规范化，促使市场公平竞争。对于投资者来说，可以根据定额权衡财务状况、方案优劣、支付能力等；对于施工企业来说，为其在投标报价时提出科学的、充分的数据和信息，从而可以正确地进行价格决策，增加市场竞争的主动性。

（6）建筑工程定额有利于完善市场的信息系统。定额中的数据来源于大量的施工实践，也就是说定额中的数据是市场信息的反馈。信息的可靠性、灵敏度对于定额的管理相当重要。

第二节 预算定额

一、预算定额的概念及作用

1. 预算定额的概念

预算定额是规定一定计量单位的分项工程或结构构件所必需消耗的人工、材料和机械台班的数量标准。其包括建筑工程预算定额(建筑工程预算定额、市政工程预算定额等)和设备安装工程预算定额(电气设备安装工程预算定额、机械设备安装工程预算定额等)。

预算定额在各地区的具体价格表现是单位估价表和综合预算定额。预算定额是设计建筑产品的基础,单位估价表和综合预算定额是计算建筑产品价格的直接依据。

预算定额是一种计价性定额,在工程委托承包的情况下,它是确定工程造价的主要依据,在招标承包的情况下,它是计算标底和确定报价的主要依据。因此,预算定额在建筑工程定额中占有很重要的地位。

2. 预算定额的作用

预算定额是编制施工图预算、确定工程造价的依据;是编制概算定额的基础;是施工企业编制施工计划,确定人工、材料、机械台班需用量计划和统计完成工程量的依据;是对设计方案和施工方案进行技术经济评价的依据;是建设单位拨付工程价款、建设资金和编制竣工决算的依据;是施工企业实施经济核算制、考核工程成本的参考依据;是建筑安装工程在工程招投标中确定招投标控制价和招投标报价的依据。

二、预算定额的编制步骤

1. 准备工作阶段

(1)根据国家或授权机关关于编制预算定额的指示,由工程建设定额管理部门主持,成立编制预算定额的领导机构和各专业小组。

(2)拟定编制预算定额的工作方案,提出编制预算定额的基本要求,确定预算定额的编制原则、适用范围,确定项目划分以及预算定额表格形式等。

(3)调查研究、收集各种编制依据和资料。

2. 编制初稿阶段

(1)对调查和收集的资料进行深入细致的分析研究。

(2)按编制方案中项目划分的规定和所选定的典型施工图纸计算出工程量，并根据取定的各项消耗指标和有关编制依据，计算分项定额中的人工、材料和机械台班消耗量，编制出预算定额项目表。

(3)测算预算定额水平。预算定额征求意见稿编出后，应将新编预算定额与原预算定额进行比较，测算新预算定额水平是提高还是降低，并分析预算定额水平提高或降低的原因。

3. 修改和审查计价定额阶段

组织基本建设有关部门讨论《预算定额征求意见稿》，将征求的意见交编制小组重新修改定稿，并写出预算定额编制说明和送审报告，连同预算定额送审稿报送主管机关审批。

三、预算定额的编制依据及原则

1. 预算定额的编制依据

(1)施工现场测定资料、实验资料和统计资料。

(2)全国统一劳动定额、全国统一基础定额。

(3)现行预算定额及基础资料和地区材料预算价格、工资标准及机械台班单价。

(4)现行的设计规范，施工验收规范，质量评定标准和安全操作规程。

(5)推广的新技术、新结构、新材料、新工艺。

(6)通用的标准图和已选定的典型工程施工图纸。

2. 预算定额的编制原则

(1)社会平均水平原则。预算定额是确定和控制建筑安装工程造价的主要依据。因此，它必须遵照价值规律的客观要求，按生产过程中所消耗的社会必要劳动时间确定定额水平。预算定额的平均水平，是在正常的施工条件下，合理的施工组织的工艺条件、平均劳动熟练程度和劳动强度下，完成单位分项工程基本构造要素所需要的劳动时间。

(2)简明适用原则。定额的内容和形式既要满足各方面使用的需要，具有多方面的适应性，同时又要简明扼要、层次清楚、结构严谨，注意补充那些因采用新技术、新结构、新材料而出现的新的定额项目。

简明适用还要求合理确定预算定额的计算单位，简化工程量的计算，尽可能地避免同一种材料用不同的计量单位和一量多用，尽量减少定额附注和换算系数。

(3)统一性和差别性相结合的原则。统一性就是由中央主管部门归口，考虑国家的方针政策和经济发展的要求，统一制定预算定额的编制原则和方法；具体组织和颁发全国统一预算定额，颁发有关的规章制度和条例细则；在全国范围内统一定额分项、定额名称、定额编号，统一人工、材料和机械台班消耗量的名称及计量单位等。

差别性就是在统一基础上，各部门和地区可在管辖范围内，根据各自的特点，依据国家规定的编制原则，编制各部门和地区性预算定额，颁发补充性的条例细则，并对预算定额实行经常性管理。

四、预算定额各消耗量指标的确定

1. 预算定额计量单位的确定

在计算预算定额各种消耗量之前，应首先确定其计量单位。因为，预算定额计量单位的选择，与预算定额的准确性、简明适用性有着密切的关系。在确定预算定额计量单位时，首先应保证预算定额的准确性（这就需要考虑该单位能否反映单位产品的工、料消耗量）；其次，要保证定额的综合性，要有利于减少定额项目；最后要有利于简化工程量计算和整个预算定额的编制工作，保证预算定额编制的准确性和及时性。

预算定额的计量单位应根据上述原则和要求，按照分项工程的形体特征和变化规律来做规定：

（1）凡物体的长、宽、高三个度量都在变化时，应采用“立方米”为计量单位。

（2）当物体有一固定的不同厚度，而它的长和宽两个度量所决定的面积不固定时，宜采用“平方米”为计量单位。

（3）如果物体截面形状大小固定，但长度不固定时，应以“延长米”为计量单位。

（4）有的分部分项工程体积、面积相同，但重量和价格差异很大（如金属结构的制作、运输、安装等），应当以重量单位“千克”或“吨”计算。有的分项工程还可以按“个”、“组”、“座”、“套”等自然计量单位计算。

预算定额单位确定以后，在预算定额项目表中，常采用所取单位的10倍、100倍等倍数的计量单位来制定预算定额。

2. 预算定额消耗量指标的确定

根据劳动定额、材料消耗定额、机械台班定额来确定消耗量指标。

（1）按选定的典型工程施工图及有关资料计算工程量。计算工程量的目的是为了综合组成分项工程各实物量的比重，以便采用劳动定额、材料消耗定额、机械台班定额计算出综合后的消耗量。

（2）人工消耗指标的确定。预算定额中的人工消耗指标是指完成该分项工程必须消耗的各种用工，包括基本用工、材料超运距用工、辅助用工和人工幅度差。

1）基本用工。基本用工指完成该分项工程的主要用工。如砌砖工程中的砌砖、调制砂浆、运砖等的用工；将劳动定额综合成预算定额的过程中，还要增加砌附墙烟囱孔、垃圾道等的用工。

2）材料超运距用工。预算定额中的材料、半成品的平均运距要比劳动定额的平均运距远，因此，超过劳动定额运距的材料要计算超运距用工。

3）辅助用工。辅助用工指施工现场发生的加工材料等的用工，如筛沙子、淋石灰膏的用工等。

4）人工幅度差。人工幅度差主要指正常施工条件下，劳动定额中没有包含的用工因素。

（3）材料消耗指标的确定。由于预算定额是在基础定额的基础上综合而成的，其材料用量也要综合计算。

（4）施工机械台班消耗指标的确定。预算定额的施工机械台班消耗指标的计量单位是台班。按现行规定，每个工作台班按机械工作 8 小时计算。

预算定额中以使用机械为主的项目（如机械挖土、空心板吊装等），其工人组织和台班产量应按劳动定额中的机械施工项目综合而成。此外，还要相应增加机械幅度差。

五、预算定额的应用

预算定额是编制施工图预算，确定工程造价的主要依据。定额应用正确与否直接影响建筑工程造价。在编制施工图预算应用定额时，通常会遇到以下三种情况：定额的套用、换算和补充。

1. 预算定额的直接套用

在应用预算定额时，要认真地阅读掌握定额的总说明、定额的适用范围，已经考虑和没有考虑的因素以及附注说明等。当分项工程的设计要求与预算定额条件完全相符时，则可直接套用定额。这种情况是编制施工图预算中的大多数情况。

根据施工图纸，对分项工程施工方法、设计要求等了解清楚，选择套用相应的定额项目。对分项工程与预算定额项目，必须从工程内容、技术特征、施工方法及材料规格上进行仔细核对，然后才能正式确定相应的预算定额套用项目。这是正确套用定额的关键。

2. 预算定额的换算

当设计要求与定额的工程内容、材料规格、施工方法等条件不完全相符时，而且定额规定可以换算，则不可直接套用定额。可根据编制总说明、分部工程说明等有关规定，在定额规定范围内加以调整换算。

定额换算的实质就是按定额规定的换算范围、内容和方法，对某些分项工程预算单价的换算。通常只有当设计选用的材料品种和规格同定额规定有出入并规定允许换算时，才能换算。在换算过程中，定额单位产品材料消耗量一般不变，仅调整与定额规定的品种或规格不同的材料的预算价格。经过换算的定额编号在下端应写个“换”字。

定额的换算主要有以下几个方面：

(1)砂浆强度的换算：砂浆一般分为砌筑砂浆和抹灰用砂浆。砌体工程和抹灰工程各子项工程预算价格(定额基价)通常是按某一强度等级砌筑砂浆或按某一配合比砂浆的预算单价编制的。如果设计要求与定额规定的砂浆强度等级或配合比不同时，预算定额基价需要经过换算才可套用。其换算式如下：

换算后的定额基价＝换算前的定额基价±(应换算的砂浆用量×不同强度等级的砂浆单价差)

式中正负号的规定：当设计要求的砂浆强度等级高于定额子目中取定的砂浆等级时，则取正值；反之取负值。

(2)混凝土强度等级的换算：现制和预制钢筋混凝土工程，由于混凝土强度等级不同而引起定额基价的变化。各地区确定混凝土及钢筋混凝土工程各子目定额基价，通常采用两种形式。一种是定额基价按某一强度等级混凝土单价确定的，其换算方法同砂浆强度等级的换算。

(3)定额按说明的有关规定进行换算：预算定额总说明及分部说明统一规定中，规定了当设计项目与定额规定内容不符时，定额基价需要换算。

凡定额说明规定，按定额工、料、机乘以系数的分项工程，应将系数乘在定额基价上(乘在人工费、材料费、机械费某一项费用上)。

第三节 概算定额和概算指标

一、概算定额

1. 概算定额的概念

概算定额，是在预算定额基础上确定完成合格的单位扩大分项工程或单位扩大结构件所需消耗的人工、材料和机械台班的数量标准，所以概算定额又称作扩大结构定额。

概算定额是预算定额的合并与扩大。它将预算定额中有联系的若干个分项工程项目综合为一个概算的定额项目。

例如，在预算定额中，砖砌内墙、门窗过梁、墙体加筋、内墙抹灰、内墙喷大白浆等工程内容，分别被编制成五个分项工程定额；在概算定额中，以砖砌内容为主要工程内容，将这五个施工顺序相衔接、合并关联性较大的分项工程，合并为一个扩大分项工程，即砖内墙概算定额。

2. 概算定额的编制依据

(1)现行的全国通用的设计标准、规范和施工验收规范。

(2)现行的预算定额。

(3)标准设计和有代表性的设计图纸。

(4)过去颁发的概算定额。

(5)现行的人工工资标准、材料预算价格和施工机械台班单价。

(6)有关施工图预算和结算资料。

3. 概算定额的作用

概算定额是初步设计阶段编制设计概算和技术设计阶段编制修正概算的主要依据；是对设计项目进行技术经济分析、比较和选择的依据；是编制建设项目主要材料申请计划的依据，是主要材料用量的计算基础；是编制概算指标和投资估算的依据；是编制招标投标工程和投标报价的依据；是确定建设项目投资控制数、控制建设项目总投资和施工图预算的依据；是进行设计方案经济比较的必要依据；是在实行工程总承包时对已完工程价款结算的依据。

4. 概算定额的编制步骤

(1)准备工作阶段：该阶段的主要工作是确定编制机构和人员组成，进行调查研究，了解现行概算定额的执行情况和存在的问题，明确编制定额的项目。在此基础上，制定出编制方案和确定概算定额项目。

(2)编制初稿阶段：该阶段根据制定的编制方案和确定的定额项目，收集和整理各种数据，对各种资料进行深入细致的测算和分析，确定各项目的消耗指标，最后编制出定额初稿。该阶段要测算概算定额水平。内容包括两个方面：新编概算定额与原概算定额的水平测算；概算定额与预算定额的水平测算。

(3)审查定稿阶段：该阶段要组织有关部门讨论定额初稿，在听取合理意见的基础上进行修改，最后将修改稿报请上级主管部门审批。

5. 概算定额与预算定额的比较

(1)相同点：它们都是以建筑物各个结构部分和分部分项工程为单位表示的，都包括人工、材料和机械台班使用量定额三个基本部分，并列有基准价。概算定额表达的主要内容、方式及基本使用方法都与预算定额相近，且都是一种计价性定额。

(2)不同点:它们在项目划分和综合扩大程度上存在差异,同时,概算定额主要用于设计概算的编制。概算定额综合了若干分项工程的预算定额,因此使概算工程量计算和概算表的编制,都比编制施工图预算简化。

6. 概算定额应用规则

(1)符合概算定额规定的应用范围。

(2)工程内容、计量单位及综合程度应与概算定额一致。

(3)必要的调整和换算应严格按定额的文字说明和附录进行。

(4)避免重复计算和漏项。

(5)参考预算定额的应用规则。

二、概算指标

1. 概算指标的概念及分类

(1)概算指标的概念:建筑安装工程概算指标通常是以整个建筑物和构筑物为对象。以建筑面积、体积或成套设备装置的台或组为计量单位而规定的人工、材料、机械台班的消耗量标准和造价指标。

(2)概算指标的分类。概算指标可分为两大类,一是安装工程概算指标,二是建筑工程概算指标。

安装工程概算指标包括:机械设备及安装工程概算指标,电气设备及安装工程概算指标、器具及生产家具购置费概算指标等。

建筑工程概算指标包括:一般土建工程概算指标、电气照明工程概算指标、通信工程概算指标、采暖工程概算指标、给水排水工程概算指标等。

2. 概算指标的编制依据

(1)工程标准设计图纸和各类工程的典型设计。

(2)现行的建筑工程概算定额,材料的预算价格及其他有关资料。

(3)国家颁发的现行建筑设计规范和施工规范及其他有关技术规范。

(4)不同工程类型的造价指标及人工、材料、机械台班消耗指标。

(5)各工程类型的工程结算资料。

3. 概算指标的内容及表现形式

概算指标的内容和形式没有统一的格式。一般包括以下内容:每平方米建筑面积的工程量指标;每平方米建筑面积的工料消耗指标;工程概况,包括建筑面积、建筑层数、建筑地点、时间、工程各部位的结构及做法等;工程造价及费用组成。

4. 概算指标的作用

概算指标是设计单位在方案设计阶段编制投资估算、选择设计方案的依据；是基建部门编制基本建设投资计划和估算主要材料需要量的依据；是施工单位编制施工计划、确定施工方案和进行经济核算的依据；是建设单位选址的一种依据。

第四节　人工、材料、机械台班消耗量定额

人工、材料、机械台班消耗量以劳动定额、材料消耗量定额、机械台班消耗量定额的形式来表现，它是工程计价最基础的定额，是地方和行业部门编制预算定额的基础，也是个别企业依据其自身的消耗水平编制企业定额的基础。

一、劳动定额的概念及分类

1. 劳动定额的概念

劳动定额亦称人工定额，指在正常施工条件下，某等级工人在单位时间内完成合格产品的数量或完成单位合格产品所需的劳动时间。按其表现形式的不同，可分为时间定额和产量定额，是确定工程建设定额人工消耗量的主要依据。

2. 劳动定额的分类及其关系

(1)劳动定额的分类：劳动定额分为时间定额和产量定额。

1)时间定额。时间定额是指某工种某一等级的工人或工人小组在合理的劳动组织等施工条件下，完成单位合格产品所必须消耗的工作时间。

2)产量定额。产量定额是指某工种某等级工人或工人小组在合理的劳动组织等施工条件下，在单位时间内完成合格产品的数量。

(2)时间定额与产量定额的关系：时间定额与产量定额是互为倒数的关系。两者相乘等于1。

3. 工作时间

工作时间是指工作班的延续时间。建筑安装企业工作班的延续时间为8小时(每个工日)。

对工作时间的研究和分析，可以分为工人工作时间和机械工作时间两个系统进行：

(1)工人工作时间：工人工作时间可以划分为定额时间和非定额时间两大类。

1)定额时间是指工人在正常施工条件下，为完成一定数量的产品或任务所

必须消耗的工作时间。包括：

①准备与结束工作时间：工人在执行任务前的准备工作（包括工作地点、劳动工具、劳动对象的准备）和完成任务后的整理工作时间。

②基本工作时间：工人完成与产品生产直接有关的工作时间。如砌砖施工过程的挂线、铺灰浆、砌砖等工作时间。基本工作时间一般与工作量的大小成正比。

③辅助工作时间：是指为了保证基本工作顺利完成而同技术操作无直接关系的辅助性工作时间。例如，修磨校验工具、移动工作梯、工人转移工作地点等所需时间。

④休息时间：工人为恢复体力所必需的休息时间。

⑤不可避免的中断时间：由于施工工艺特点所引起的工作中断时间。

2)非定额时间。包括：

①多余和偶然工作时间：指在正常施工条件下不应发生的时间消耗，例如拆除超过图示高度的多余墙体的时间。

②施工本身造成的停工时间：由于气候变化和水、电源中断而引起的停工时间。

③违反劳动纪律的损失时间：在工作班内工人迟到、早退、闲谈、办私事等原因造成的工时损失。

(2)机械工作时间：机械工作时间可以划分为定额时间和非定额时间两大类。

1)定额时间又可分为：

①有效工作时间：包括正常负荷下的工作时间、有根据的降低负荷下的工作时间。

②不可避免的无负荷工作时间：由施工过程的特点所造成的无负荷工作时间。

③不可避免的中断时间：是与工艺过程的特点、机械使用中的保养、工人休息等有关的中断时间。

2)非定额时间又可分为：

①机械多余的工作时间：指机械完成任务时无需包括的工作占用时间，例如灰浆搅拌机搅拌时多运转的时间，工人没有及时供料而使机械空运转的延续时间。

②机械停工时间：是指由于施工组织不好或气候条件影响所引起的停工时间。

③违反劳动纪律的停工时间：由于工人迟到、早退等原因引起的机械停工时间。

二、劳动定额的编制方法

劳动定额的编制方法有：经验估计法、统计计算法、技术测定法和比较类推法。其中，经验估计法是根据定额员、技术员、生产管理人员和老工人的实际工作经验，对生产某一产品或完成某项工作所需的人工、机械台班、材料数量进行分析、讨论和估算，并最终确定定额耗用量的一种方法；统计计算法是一种运用过去统计资料确定定额的方法；技术测定法是通过对施工过程的具体活动进行实地观察，详细记录工人和机械的工作时间消耗、完成产品数量及有关影响因素，并将记录结果予以研究、分析，去伪存真，整理出可靠的原始数据资料，为制定定额提供科学依据的一种方法；比较类推法也叫典型定额法，是在相同类型的项目中，选择有代表性的典型项目，然后根据测定的定额用比较类推的方法编制其他相关定额的一种方法。

三、材料消耗定额

1. 材料消耗定额的概念

材料消耗定额是指正常的施工条件和合理使用材料的情况下，生产质量合格的单位产品所必须消耗的建筑安装材料的数量标准。

2. 净用量定额和损耗量定额

材料消耗定额包括：直接用于建筑安装工程上的材料；不可避免产生的施工废料；不可避免的施工操作损耗。

其中，材料消耗净用量定额是由建筑安装工程实体的材料构成的，不可避免的施工废料和施工操作损耗量称为材料损耗量定额。

材料消耗用量定额与损耗量定额之间具有下列关系：

材料消耗定额（材料总消耗量）＝材料消耗净用量＋材料损耗量

材料损耗量＝材料净用量×损耗率

3. 编制材料消耗定额的基本方法

基本方法有现场技术测定法、试验法、统计法、理论计算法。

其中，现场技术测定法主要是为了取得编制材料损耗定额的资料。材料消耗中的净用量比较容易确定，但材料消耗中的损耗量不能随意确定，需通过现场技术测定来区分哪些属于难于避免的损耗，哪些属于可以避免的损耗，从而确定出较准确的材料损耗量。试验法是在实验室内采用专用的仪器设备，通过试验的方法来确定材料消耗定额的一种方法，用这种方法提供的数据，虽然精确度高，但容易脱离现场实际情况。统计法中通过对现场用料的大量统计资料进行分析计算的一种方法。用该方法可获得材料消耗的各项数据，用以编制材料消耗定额。理论计算法是运用一定的计算公式计算材料消耗量，确定消耗定额的一种方法。这种方法较适合计算块状、板状、卷状等材料的消耗量。

四、施工机械台班定额

施工机械台班定额是施工机械生产率的反映，编制高质量的施工机械台班定额是合理组织机械化施工，有效地利用施工机械，进一步提高机械生产率的必备条件。编制施工机械台班定额，主要包括以下内容：

1. 拟定正常的施工条件

机械操作与人工操作相比，劳动生产率在更大的程度上受施工条件的影响，所以更要重视拟定正常的施工条件。

2. 确定施工机械纯工作 1 小时的正常生产率

确定施工机械正常生产率必须先确定施工机械纯工作 1 小时的劳动生产率。因为只有先取得施工机械纯工作 1 小时正常生产率，才能根据施工机械利用系数计算出施工机械台班定额。施工机械纯工作时间，就是指施工机械必须消耗的净工作时间，它包括正常工作负荷下，有根据降低负荷下、不可避免的无负荷时间和不可避免的中断时间，施工机械纯工作 1 小时的正常生产率，就是在正常施工条件下，由具备一定技能的技术工人操作施工机械净工作 1 小时的劳动生产率。

3. 确定施工机械的正常利用系数

首先，要计算工作班在正常状况下，准备与结束工作、机械开动、机械维护等工作所必需消耗的时间，以及机械有效工作的开始与结束时间；然后，再计算机械工作班的纯工作时间；最后，确定机械正常利用系数。

4. 计算机械台班定额

计算机械台班定额是编制机械台班定额的最后一步。在确定了机械工作正常条件、机械 1 小时纯工作时间正常生产率和机械利用系数后，就可以确定机械台班的定额指标了。

第四章　工程量清单计价

第一节　工程量清单计价概述

一、工程量清单的含义和内容

1. 工程量清单的含义

工程量清单是指用以表现拟建建筑安装工程项目的分部分项工程项目、措施项目、其他项目、规费项目、税金项目名称以及相应数量的明细标准表格。工程量清单体现的核心内容为分项工程项目名称及其相应数量，是招标文件的组成部分。《建设工程工程量清单计价规范》(GB 50500—2013)强制规定：招标工程量清单必须作为招标文件的组成部分，其准确性和完整性应由招标人负责。工程量清单是由招标人或由其委托的具有相应资质的代理机构按照招标要求，依据《建设工程工程量清单计价规范》(GB 50500—2013)中规定的统一项目编码、项目名称、计量单位以及工程量计算规则进行编制，作为编制招标控制价、投标报价、计算工程量、支付工程款、调整合同价款、办理竣工结算以及工程索赔等的依据之一。

2. 工程量清单的内容

(1)明确的项目设置。工程计价是一个分部组合计价的过程，不同的计价模式对项目的设置规则和结果都是不尽相同的。在企业提供的工程量清单计价中必须明确清单项目的设置情况，除明确说明各个清单项目的名称，还应阐释各个清单项目的特征和工程内容，以保证清单项目设置的特征描述和工程内容，没有遗漏，也没有重叠。

(2)清单项目的工程数量。在招标人提供的工程量清单中必须列出各个清单项目的工程数量，这也是工程量清单招标与定额招标之间的一个重大区别。

对于每一个投标人来说，计价所依赖的工程数量都是一样的，使得投标人之间的竞争完全属于价格的竞争，其投标报价反映出自身的技术能力和管理能力，也使得招标人的评标标准更加简单明确。同时，在招标人提供的工程量清单中提供工程数量，还可以实现承发包双方合同风险的合理分担。

(3)工程量清单表。工程量清单的表格格式是附属于项目设置和工程量计算的，它为投标报价提供一个合理的计价平台，投标人可以根据表格之间的逻辑联系和从属关系，在其指导下完成分部组合计价的过程。从严格意义上说，工程量清单的表格格式可以多种多样，只要能够满足计价的需要就可以了。

3. 工程量清单计价相关概念

工程量清单计价是指由投标人按照招标人提供的工程量清单，逐一填报单价，并计算出建设项目所需的全部费用，主要包括分部分项工程费、措施项目费、其他项目费、规费和税金等的这一过程。工程量清单计价应采用“综合单价”计价。综合单价是指完成规定计量单位分项工程所需的人工费、材料费、施工机械使用费、管理费、利润，并考虑了风险因素的一种单价。

4. 工程量清单的组成

根据《建设工程工程量清单计价规范》(GB 50500—2013)的规定，工程量清单的组成内容为：封面；总说明；分部分项工程量清单与计价表；措施项目清单与计价表；其他项目清单；规费、税金项目清单与计价表等。

二、工程量清单计价的方法及法律依据

1. 工程量清单计价的方法

(1)工程量清单计价包括编制招标控制价、投标报价、合同价款的确定与调整和办理工程结算等。

1)招标工程如设标底，标底应根据招标文件中的工程量清单和有关要求、施工现场实际情况、合理的施工方法以及按照建设行政主管部门制定的有关工程造价计价办法进行编制。

2)投标报价应根据招标文件中的工程量清单和有关要求、施工现场实际情况及拟定的施工方案或施工组织设计，应根据企业定额和市场价格信息，并参照建设行政主管部门发布的现行消耗量定额进行编制。

3)工程量清单计价其价款应包括按招标文件规定完成工程量清单所列项目的全部费用，通常由分部分项工程费、措施项目费、其他项目费和规费、税金组成。

①分部分项工程费是指按规定的费用项目组成，为完成招标人提供的分部分项工程量清单所列项目所需的费用。

②措施项目费是指按规定的费用项目组成，为完成该工程项目施工，发生于该工程施工前和施工过程中技术、生活、文明、安全等方面的非工程实体项目所

需的费用。

③其他项目费是指分部分项工程费和措施项目费以外，由于招标人的特殊要求而发生的与建设工程有关的其他费用。

分部分项工程费、措施项目费和其他项目费采用综合单价计价，综合单价由完成规定计量单位工程量清单项目所需的人工费、材料费、机械使用费、管理费、利润等费用组成，综合单价应考虑风险因素。

(2)工程量变更及其计价。合同中综合单价因工程量变更，除合同另有约定外应按照下列办法确定：

1)工程量清单漏项或由于设计变更引起新的工程量清单项目，其相应综合单价由承包人提出，经发包人确认后作为结算的依据。

2)由于设计变更引起的工程量增减部分，属合同约定幅度以内的，应执行原有的综合单价；增减的工程量属合同约定幅度以外的，其综合单价由承包人提出，经发包人确认后作为结算的依据。

由于工程量的变更，且实际发生了规定以外的费用损失，承包人可提出索赔要求，与发包人协商确认后，给予补偿。

2. 工程量清单计价的法律依据

《建设工程工程量清单计价规范》(以下简称《计价规范》)是根据《中华人民共和国招标投标法》《建筑工程施工发包与承包计价管理办法》制定的。工程量清单计价活动是政策性、技术性很强的一项工作，它涉及国家的法律、法规和标准规范。所以，进行工程量清单计价活动时，除遵循《计价规范》外，还应符合国家有关法律、法规及标准规范规定。主要包括：《建筑法》《合同法》《价格法》《招标投标法》和《建筑工程施工发包与承包计价管理办法》及直接涉及工程造价的工程质量、安全及环境保护等方面的工程建设强制性标准规范。执行《计价规范》必须同《建筑法》等法律法规结合起来。

三、工程量清单计价规范的特点

1. 强制性

强制性主要表现在，一是由建设主管部门按照强制性国家标准的要求批准颁布，规定全部使用国有资金或以国有资金投资为主的大中型建设工程，应按计价规范规定执行；二是明确工程量清单是招标文件的组成部分，并规定了招标单位在编制工程量清单时必须遵守的规则，做到四统一，即统一项目编码、统一项目名称、统一计量单位、统一工程量计算规则。

2. 实用性

附录中工程量清单项目及计算规则的项目名称表现的是工程实体项目，项目名称明确清晰，工程量计算规则简洁明了，特别还列有项目特征和工程内容，易于编制工程量清单时确定具体项目名称和投标报价。

3. 竞争性

一是《计价规范》中的措施项目，在工程量清单中只列“措施项目”一栏，具体采用什么措施，如模板、脚手架、临时设施、施工排水等详细内容由投标单位根据企业的施工组织设计，视具体情况报价。因为这些项目在各个企业间各有不同，是企业竞争项目，是留给企业竞争的空间。二是《计价规范》中人工、材料和施工机械没有具体的消耗量，投标企业可以依据企业的定额和市场价格信息，也可以参照建设行政主管部门发布的社会平均消耗量定额进行报价，《计价规范》将报价权交给了企业。

4. 通用性

采用工程量清单计价将与国际惯例接轨，符合工程量计算方法标准化、工程量计算规则统一化、工程造价确定市场化的要求。

第二节　工程量清单的编制

一、清单编制依据与要求

1. 编制招标工程量清单的依据

编制招标工程量清单应依据：建设工程设计文件及相关资料；国家或省级、行业建设主管部门颁发的计价依据和办法；拟定的招标文件；施工现场情况、地勘水文资料、工程特点及常规施工方案；其他相关资料；《房屋建筑与装饰工程工程量计算规范》和现行国家标准《建设工程工程量清单计价规范》；与建设工程有关的标准、规范、技术资料。

2. 编制要求

(1)其他项目、规费和税金项目清单应按照现行国家标准《建设工程工程量清单计价规范》的相关规定编制。

(2)编制工程量清单出现《房屋建筑与装饰工程工程量计算规范》附录中未包括的项目，编制人应作补充，并报省级或行业工程造价管理机构备案，省级或行业工程造价管理机构应汇总报住房和城乡建设部标准定额研究所。

(3)工程量清单应该由具有编制招标文件能力的招标人，或受其委托具有相应资质的工程造价咨询机构编制。

补充的工程量清单需附有补充项目的名称、项目特征、计量单位、工程量计算规则、工作内容。不能计量的措施项目,需附有补充项目的名称、工作内容及包含范围。

二、工程量清单的编制步骤

(1)根据招标文件、国家行政主管部门的文件和《建设工程工程量清单计价规范》、《房屋建筑与装饰工程工程量计算规范》列出措施项目清单。

(2)根据招标文件、国家行政主管部门的文件、《建设工程工程量清单计价规范》、《房屋建筑与装饰工程工程量计算规范》及拟建工程实际情况,列出其他项目清单、规费项目清单、税金项目清单。

(3)根据施工图、招标文件、《建设工程工程量清单计价规范》、《房屋建筑与装饰工程工程量计算规范》,列出分部分项工程项目名称并计算分部分项清单工程量。

(4)将计算出的分部分项清单工程量汇总到分部分项工程量清单表中。

三、分部分项工程量清单

分部分项工程量清单是指完成拟建工程的实体工程项目数量的清单。

分部分项工程量清单由招标人根据《建设工程工程量清单计价规范》附录规定的项目编码、项目名称、项目特征、计量单位和工程量计算规则进行编制。

1. 分部分项工程量清单的编码

工程量清单的项目编码,按五级设置,应采用12位阿拉伯数字表示,1~9位应按《建设工程工程量清单计价规范》附录的规定设置,10~12位应根据拟建工程的工程量清单项目名称和项目特征设置,同一招标工程的项目编码不得有重码。

各位数字的含义是:1、2位为专业工程代码(01—房屋建筑与装饰工程,02—仿古建筑工程,03—通用安装工程,04—市政工程,05—园林绿化工程,06—矿山工程,07—构筑物工程,08—城市轨道交通工程,09—爆破工程。以后进入国标的专业工程代码以此类推),3、4位为工程分类顺序码,5、6位为分部工程顺序码,7、8、9位为分项工程项目名称顺序码,10~12位为清单项目名称顺序码。

当同一标段(或合同段)的一份工程量清单中含有多个单位工程且工程量清单是以单位工程为编制对象时,在编制工程量清单时应特别注意对项目编码10~12位的设置不得有重码的规定。

2. 分部分项工程量清单的项目名称与项目特征

(1)工程量清单的项目名称,应按《建设工程工程量清单计价规范》附录的项目名称结合拟建工程的实际确定。《建设工程工程量清单计价规范》没有的项目，编制人可作相应补充，并报工程造价管理机构备案。

(2)分部分项工程量清单项目特征的描述。项目特征是用来表述项目名称的实质内容，用于区分同一清单条目下各个具体的清单项目。项目特征直接影响工程实体的自身价值，关系到综合单价的准确确定，因此项目特征的描述，应根据《建设工程工程量清单计价规范》项目特征的要求，结合技术规范、标准图集、施工图纸，按照工程结构、使用材质及规格或安装位置等，予以详细表述和说明。由于种种原因，对同一项目特征，不同的人会有不同的描述。

1)必须描述的内容如下：涉及施工难易程度的必须描述，如砌筑的墙体类型；涉及正确计量计价的必须描述，如门窗洞口尺寸及框外围尺寸；涉及材质要求的必须描述，如油漆的品种、管材的材质；涉及结构要求的必须描述，如混凝土强度等级。

2)可不描述的内容如下：应由施工措施解决的可不描述，如现浇混凝土梁、板的标高；应由投标人根据当地材料确定的可不描述，如混凝土拌和料所需的材料种类；应由投标人根据施工方案确定的可不描述，如爆破的单孔深度及装药量；对项目特征或计量计价没有实质影响内容的可不描述，如柱高度和断面尺寸等。

3)可不详细描述的内容如下：无法准确描述的可不详细描述；施工图、标准图标注明确的，可不再详细描述；还有一些项目可不详细描述，但清单编制人在项目特征描述中应注明由投标人自定。

需要注意的是，清单编制人应高度重视分部分项工程量清单项目特征的描述，任何不描述或描述不清均会在施工合同履约过程中产生分歧，导致纠纷、索赔。

3. 分部分项工程量清单的计量单位

工程量清单的计量单位应按《建设工程工程量清单计价规范》附录中规定的计量单位确定。

在工程量清单编制时，有的分部分项工程项目在《建设工程工程量清单计价规范》中有两个以上计量单位，对具体工程量清单项目只能根据《建设工程工程量清单计价规范》的规定选择其中一个计量单位。

4. 其他相关要求

(1)现浇混凝土工程项目“工作内容”中包括模板工程的内容，同时又在措施项目中单列了现浇混凝土模板工程项目。对此，招标人应根据工程实际情况选用。若招标人在措施项目清单中未编列现浇混凝土模板项目清单，即表示现浇混凝土模板项目不单列，现浇混凝土工程项目的综合单价中应包括模板工程费用。

(2)对预制混凝土构件按现场制作编制项目,“工作内容”中包括模板工程,不再另列。若采用成品预制混凝土构件时,构件成品价(包括模板、钢筋、混凝土等所有费用)应计入综合单价中。

(3)金属结构构件按成品编制项目,构件成品价应计入综合单价中,若采用现场制作,包括制作的所有费用。

(4)门窗(橱窗除外)按成品编制项目,门窗成品价应计入综合单价中。若采用现场制作,包括制作的所有费用。

四、措施项目清单

措施项目清单必须根据相关工程现行国家计量规范的规定编制,应根据拟建工程的实际情况列项。

措施项目中可以计算工程量的项目清单宜采用分部分项工程量清单的方式编制,列出项目编码、项目名称、项目特征、计量单位和工程量计算规则;不能计算工程量的项目清单,以“项”为计量单位编制。

措施项目清单中没有的项目承包商可以自行补充填报,所以,措施项目清单对于清单编制人来说并不难。一般情况下,清单编制人只需要填写最基本的措施项目即可。《建设工程工程量清单计价规范》中的通用措施项目见表4-1。

表4-1　通用措施项目一览表

序号	项目名称
1	安全文明施工(含环境保护、文明施工、安全施工、临时设施)
2	夜间施工
3	二次搬运
4	冬雨季施工
5	大型机械设备进出场及安拆
6	施工排水
7	施工降水
8	地上、地下设施,建筑物的临时保护设施
9	已完工程及设备保护

五、其他项目清单

其他项目清单应按照暂列金额、暂估价、计日工、总承包服务费列项。

1. 暂列金额

暂列金额是业主在工程量清单中暂定并包括在合同价款中的一笔款项,是业主用于施工合同签订时尚未确定或者不可预见的所需材料、设备服务的采购，工程量清单漏项、有误引起的工程量的增加，施工中的工程变更引起标准提高或工程量的增加，施工中发生的索赔或现场签证确认的项目，以及合同约定调整因素出现时的工程价款调整等准备的备用金。国际上，一般用暂列金额来控制工程的投资追加金额。

暂列金额的数额大小与承包商没有关系，不能视为归承包商所有。竣工结算时，应该将暂列金额及其税金、规费从合同金额中扣除。

有一种错误的观念认为，暂列金额列入合同价格就属于承包人（中标人）所有了。事实上，即便是总价包干合同，也不是列入合同价格的任何金额都属于中标人的，是否属于中标人应得金额取决于具体的合同约定，暂列金额从定义开始就明确，只有按照合同约定程序实际发生后，才能成为中标人的应得金额，纳入合同结算价款中。扣除实际发生金额后的暂列金额余额仍属于招标人所有。设立暂列金额并不能保证合同结算价格不会再出现超过已签约合同价的情况，是否超出已签约合同价完全取决于对暂列金额预测的准确性，以及工程建设过程是否出现了其他事先未预测到的事件。

2. 暂估价

暂估价指由业主在工程量清单中提供的用于必然发生但暂时不能确定价格的材料设备的单价以及专业工程的金额，是业主在招标阶段预见肯定要发生，只是因为标准不明确或者需要由专业承包人完成，暂时又无法确定具体价格时采用的一种价格形式。其包括材料暂估价、工程设备暂估单价、专业工程暂估价。

业主确定为暂估价的材料应在工程量清单中详细列出材料名称、规格、数量、单价等，确定为专业工程的应详细列出专业工程的范围。

3. 计日工

计日工是为了解决现场发生的零星工作的计价而设立的。国际上常见的标准合同条款中，大多数都设立了计日工（Daywork）计价机制。计日工对完成零星工作所消耗的人工工时、材料数量、施工机械台班进行计量，并按照计日工表中填报的适用项目的单价进行计价支付。计日工适用的所谓零星工作一般是指合同约定之外或者因变更而产生的、工程量清单中没有相应项目的额外工作，尤其是那些时间不允许事先商定价格的额外工作。

4. 总承包服务费

总承包服务费是总承包商为配合协调业主进行的工程分包和自行采购的材料、设备等进行管理服务以及施工现场管理、竣工资料汇总整理等服务所需的费用。这里的工程分包，是指在招标文件中明确说明的国家规定允许业主单独分包的工程内容。

5. 其他注意事项

其他项目清单，由清单编制人根据拟建工程具体情况参照《建设工程工程量清单计价规范》编制。《建设工程工程量清单计价规范》未列出的项目，编制人可作补充，并在总说明中予以说明。

六、规费项目清单

规费指政府和有关权力部门规定必须缴纳的费用。规费项目清单应按照下列内容列项：社会保障费，包括养老保险费、失业保险费、医疗保险费、工伤保险费、生育保险费；住房公积金；工程排污费。

出现前述未列的项目，应根据省级政府或省级有关部门的规定列项。

七、税金项目清单

税金指按国家税法规定，应计入建设工程造价内的营业税、城市维护建设税及教育费附加。

税金项目清单应包括下列内容：营业税；城市维护建设税；教育费附加；地方教育附加。

出现前述未列的项目，应根据税务部门的规定列项。

第三节　工程量清单计价的编制

一、一般规定

使用国有资金投资的建设工程发承包，必须采用工程量清单计价。

非国有资金投资的建设工程，宜采用工程量清单计价。

不采用工程量清单计价的建设工程，应执行《建设工程工程量清单计价规范》除工程量清单等专门性规定外的其他规定。

工程量清单应采用综合单价计价。

措施项目中的安全文明施工费必须按国家或省级、行业建设主管部门的规定计算，不得作为竞争性费用。

规费和税金必须按国家或省级、行业建设主管部门的规定计算，不得作为竞争性费用。

二、工程量清单计价的编制

工程量清单计价包括编制招标控制价、投标报价、合同价款的确定与调整和办理工程结算等。

1. 招标控制价

招标控制价是指由业主根据国家或省级、行业建设主管部门颁发的有关计价依据和办法按设计施工图纸计算的，对招标工程限定的最高工程造价。有的省、市又称为拦标价、最高限价、预算控制价、最高报价值。2013 年施行的《建设工程工程量清单计价规范》对此术语作了统一规定。

(1)招标控制价的编制依据：

1)《建设工程工程量清单计价规范》(GB 50500—2013)；

2)国家或省级、行业建设主管部门颁发的计价定额和计价办法；

3)建设工程设计文件及相关资料；

4)拟定的招标文件及招标工程量清单；

5)与建设项目相关的标准、规范、技术资料；

6)施工现场情况、工程特点及常规施工方案；

7)工程造价管理机构发布的工程造价信息，当工程造价信息没有发布时，参照市场价；

8)其他的相关资料。

(2)招标控制价复核的主要内容为：

1)承包工程范围、招标文件规定的计价方法及招标文件的其他有关条款；

2)工程量清单单价组成分析：人工、材料、机械台班费、管理费、利润、风险费用以及主要材料数量等；

3)计日工单价等；

4)规费和税金的计取等。

(3)招标控制价的编制方法：招标控制价应由分部分项工程费、措施项目费、其他项目费、规费、税金以及一定范围内的风险费用组成。

1)分部分项工程费计价，是招标控制价编制的主要内容和工作。其实质就是综合单价的组价问题。

在编制分部分项工程量清单计价表时，项目编码、项目名称、项目特征、计量单位、工程数量，应该与招标文件中的分部分项工程量清单的内容完全一致，特别是不得增加项目、不得减少项目、不得改变工程数量的大小。应该认真填写每一项的综合单价，然后计算出每一项的合价，最后得出分部分项工程量清单的合计金额。

根据《建设工程工程量清单计价规范》的规定，综合单价是指完成一个规定计量单位的分部分项工程量清单项目或措施项目所需的人工费、材料费、施工机械使用费、管理费和利润，以及一定范围内风险费用。其中风险费用的内容和考虑幅度应该与招标文件的相应要求一致。

2)措施项目费计价。对于措施项目清单内的项目,编制人可以根据编制的具体施工方案或施工组织设计,认为不发生者费用可以填为零,认为需要增加者可以自行增加。措施项目中的安全文明施工费按照《建设工程工程量清单计价规范》的要求,应按照国家或省级、行业建设主管部门规定的标准计取。

措施项目组价的方法一般有两种:

①用综合单价形式的组价。这种组价方式主要用于混凝土、钢筋混凝土模板及支架、脚手架、施工排水、降水等,其组价方法与分部分项工程量清单项目相同。

②用费率形式的组价。这种组价方式主要用于措施费用的发生和金额的大小与使用时间、施工方法或者两个以上工序相关,与实际完成的实体工程量的多少关系不大的措施项目,如安全文明施工费、大型机械进出场及安拆费等,编制人应按照工程造价管理机构的规定计算。

3)其他项目费计价

①暂列金额应按照有关计价规定,根据工程结构、工期等估算。

②暂估价中的材料单价应根据工程造价信息或参照市场价格估算并计入综合单价;暂估价中的专业工程金额应分不同专业,按有关计价规定估算。

③计日工应根据工程特点和有关计价依据计算。

④总承包服务费应根据招标文件列出的内容和要求按有关计价规定估算。

4)规费与税金的计取:应按国家或省级、行业建设主管部门规定的费率计取。

2. 投标报价的编制

(1)投标报价应根据下列依据编制:

1)《建设工程工程量清单计价规范》;

2)国家或省级、行业建设主管部门颁发的计价办法;

3)企业定额,国家或省级、行业建设主管部门颁发的计价定额;

4)招标文件、工程量清单及其补充通知、答疑纪要;

5)建设工程设计文件及相关资料;

6)与建设项目相关的标准、规范等技术资料;

7)施工现场情况、工程特点及拟定的施工组织设计或施工方案;

8)市场价格信息或工程造价管理机构发布的工程造价信息;

9)其他的相关资料。

(2)投标报价的编制方法:投标报价由分部分项工程费、措施项目费、其他项目费、规费、税金等组成,它的编制方法与招标控制价的编制方法基本相同,但要注意以下事项：

1）工程量清单与计价表中的每一个项目均应填入综合单价和合价，且只允许有一个报价。已标价的工程量清单中投标人没有填入综合单价和合价，其费用视为已包含（分摊）在已标价的其他工程量清单项目的单价和合价中。

2）投标总价应当与分部分项工程费、措施项目费、其他项目费和规费、税金的合计金额一致。

3）材料单价应该是全单价，包括：材料原价、材料运杂费、运输损耗费、加工及安装损耗费、采购保管费、一般的检验试验费及一定范围内的材料风险费用等。但不包括新结构、新材料的试验费和业主对具有出厂合格证明的材料进行检验，对构件做破坏性试验及其他特殊要求检验试验的费用。特别值得强调的是，原来定额计价法中加工及安装损耗费是在材料的消耗量中反映，工程量清单计价中加工及安装损耗费是在材料的单价中反映。

3. 合同价款的约定

（1）一般规定：

1）实行招标的工程合同价款应在中标通知书发出之日起30天内，由发承包双方依据招标文件和中标人的投标文件在书面合同中约定。

合同约定不得违背招标、投标文件中关于工期、造价、质量等方面的实质性内容。招标文件与中标人投标文件不一致的地方，应以投标文件为准。

2）不实行招标的工程合同价款，应在发承包双方认可的工程价款基础上，由发承包双方在合同中约定。

3）实行工程量清单计价的工程，应采用单价合同；建设规模较小，技术难度较低，工期较短，且施工图设计已审查批准的建设工程可采用总价合同；紧急抢险、救灾以及施工技术特别复杂的建设工程可采用成本加酬金合同。

（2）合同价款的约定内容。业主、承包商应当在合同条款中除约定合同价外，一般对下列有关工程合同价款的事项进行约定：

1）承担风险的内容、范围以及超出约定内容、范围的调整方法；

2）工程竣工价款结算编制与核对、支付及时间；

3）工程质量保证（保修）金的数额、预扣方式及时间；

4）预付工程款的数额、支付时间及抵扣方式；

5）发生工程价款纠纷的解决方法与时间；

6）工程计量与支付工程进度款的方式、数额及时间；

7）工程价款的调整因素、方法、程序、支付及时间；

8）索赔与现场签证的程序、金额确认与支付时间；

9）与履行合同、支付价款有关的其他事项。

第五章　决策阶段工程造价的控制

第一节　概　述

一、建设项目决策与工程造价的关系

1. 建设项目决策的内容是决定工程造价的基础

工程造价的确定与控制贯穿于建设项目全过程，决策阶段的各项技术经济决策是决定工程造价的基础。

2. 工程造价高低、投资多少影响项目决策

决策阶段的投资估算是进行投资方案选择的重要依据之一，同时也是决定项目是否可行及主管部门进行项目审批的依据之一。

3. 建设项目决策的正确性是工程造价合理性的前提

项目决策正确，意味着对建设项目作出科学的决断，优选出最佳投资行动方案。这样才能合理地估计和计算工程造价，并且在实施最优投资方案过程中才能有效地控制工程造价。项目决策失误，主要体现在对不该建设的项目进行投资建设，或项目建设地点的选择错误，或投资方案不合理等，诸如此类的决策失误，会直接带来不必要的资金投入和人力、物力的浪费，甚至造成不可弥补的损失。在这种情况下，再进行工程造价的确定和控制已经毫无意义。因此，要达到工程造价的合理，首先就要保证项目决策的正确性，避免源头决策失误。

4. 项目决策的深度影响投资估算的精确度和工程造价的控制效果

投资决策过程是由浅入深、层层逐步细化的过程，不同阶段决策的深度不同，投资估算的精确度也不同。另外，在项目建设各阶段，即决策阶段、初步设计阶段、技术设计阶段、施工图设计阶段、招标投标阶段、施工阶段、竣工验收阶段，通过工程造价的确定与控制，相应形成投资估算、设计概算、修正概算、施工图预算、承包合同价、结算价及竣工决算。这些造价形式之间存在着前者控制后者、后者补充前者的相互作用关系；而“前者控制后者”的制约关系意味着投资估算对其后面的各种形式造价起着制约作用，是控制工程投资的限额。由此可见，只

有加强项目决策的深度，采用科学的估算方法和可靠的数据资料，合理地计算投资估算造价，才能保证其他阶段的造价被控制在合理范围，使投资控制目标得以实现，避免"三超"现象的发生。

二、决策阶段影响工程造价的因素

决策阶段影响工程造价的因素有：项目建设标准、项目建设规模、技术方案、设备方案、工程方案、环境保护措施以及项目建设地点等。

1. 项目建设标准

项目建设标准，是指项目在建设中想达到的规格程度。建设标准水平定得过高，会脱离实际情况与财力、物力的承受能力，增加造价；建设标准水平定得过低，将会妨碍技术进步，影响国民经济的发展和人民生活的提高。因此，建设标准水平应从我国目前的经济发展水平出发，区别不同地区、不同规模、不同等级、不同功能，合理确定。建设项目标准中的各项规定，能定量的应尽量给出指标，不能规定指标的要有定性的要求。

2. 项目建设规模

实践证明：生产规模过大，超过了项目的产品市场需求量，则会导致开工不足、产品积压或降价销售，致使项目经济效益下降，从而出现规模效益递减。

合理确定项目建设规模，不仅要考虑项目内部各因素间的数量匹配、能力协调，还要使所有生产力因素共同形成的经济实体在规模上大小适应，以合理确定和有效控制工程造价。决定着工程造价合理与否，其制约因素有：市场因素、技术因素、环境因素。

(1)市场因素：市场因素是项目规模确定中需考虑的首要因素。首先，项目产品的市场需求状况是确定项目生产规模的前提。通过市场分析与预测，确定市场需求量、了解竞争对手情况，最终确定项目建成时的最佳生产规模，使所建项日在未来能够保持合理的盈利水平和可持续发展的能力。其次，原材料市场、资金市场、劳动力市场等对项目规模的选择起着程度不同的制约作用。如项目规模过大可能导致材料供应紧张和价格上涨，造成项目所需投资资金的筹集困难和资金成本上升等，将制约项目的规模。

(2)技术因素：先进实用的生产技术及技术装备是项目规模效益赖以存在的基础，而相应的管理技术水平则是实现规模效益的保证。若与经济规模生产相适应的先进技术及其装备的来源没有保障，或获取技术的成本过高，或管理水平跟不上，则不仅预期的规模效益难以实现，还会给项目的生存和发展带来危机，导致项目投资效益低下，工程支出浪费严重。

(3)环境因素：项目的建设、生产和经营都是在特定的社会经济环境下进行的，项目规模确定中需考虑的主要环境因素有：燃料动力供应，协作及土地条件，运输及通信条件。其中，政策因素包括产业政策、投资政策、技术经济政策、国家和地区及行业经济发展规划等。特别是国家对部分行业的新建项目规模作了下限规定，选择项目规模时应遵照执行。

3. 技术方案

工程技术方案对工程造价的影响主要表现在工业项目中，包括生产工艺方案的确定与主要设备的选择两部分。

生产工艺是生产产品所采用的工艺流程和制作方法。先进工艺会带来产品质量与生产成本上的优势，但需要高额的前期投资。我国目前评价拟采用的工艺是否可行主要采取两项指标：先进适用、经济合理。

设备投资在工业项目的总投资中往往占的比重极大。在设备选用中主要应处理好以下几个问题：尽量选用国产设备；注意进口设备之间以及国内外设备之间的衔接配套；注意进口设备与原有国产设备、厂房间的配套；注意进口设备与原材料、备品备件及维修能力间的配套。

4. 设备方案

在生产工艺流程和生产技术确定后，就要根据工厂生产规模和工艺过程的要求，选择设备的型号和数量。设备的选择与技术密切相关，二者必须匹配。没有先进的技术，再好的设备也没用；没有先进的设备，技术的先进性则无法体现。

5. 工程方案

工程方案选择是在已选定项目建设规模、技术方案和设备方案的基础上，研究论证主要建筑物、构筑物的建造方案，包括对于建筑标准的确定。一般工业项目的厂房、工业窑炉、生产装置等建筑物、构筑物的工程方案，主要研究其建筑特征（面积、层数、高度、跨度），建筑物构筑物的结构形式，以及特殊建筑要求（防火、防爆、防腐蚀、隔声、隔热等），基础工程方案，抗震设防等。工程方案应在满足使用功能、确保质量的前提下，力求降低造价、节约资金。

6. 环境保护措施

建设项目一般会引起项目所在地自然环境、社会环境和生态环境的变化，对环境状况、环境质量产生不同程度的影响。因此，需要在确定场址方案和技术方案中，调查研究环境条件，识别和分析拟建项目影响环境的因素，研究提出治理和保护环境的措施，比选和优化环境保护方案。在研究环境保护治理措施时，应从环境效益、经济效益相统一的角度进行分析论证，力求环境保护治理方案技术可行和经济合理。

7. 项目建设地点

项目建设地点的选择将从两个方面影响造价，一是项目建设期的投资上，二是在项目建成后的使用上。在建设地点选择上，要综合考虑下面两方面。

(1)项目投资费用。包括土地征购费、拆迁补偿费、土石方工程费、运输设施费、排水及污水处理设施费、动力设施费、生活设施费、临时设施费、建材运输费。

(2)项目建成后的使用费。如工业项目中的原材料及燃料运入费、产品的运出费、给水排水及污水处理费、动力供应费等。

三、项目可行性研究简述

建设项目可行性研究是在投资决策前，对与建设项目有关的社会、经济、技术等各方面进行调查研究，对各种可能采用的建设方案进行技术经济分析与比较论证，对项目建成后的经济效益进行预测与评价，由此得出该项目是否应该投资和如何投资等结论性意见，为项目投资决策提供可靠的依据。

可行性研究广泛应用于新建、改建和扩建项目。在项目投资决策之前，通过做好可行性研究，使项目的投资决策工作建立在科学性和可靠性的基础之上，从而实现项目投资决策科学化，减少和避免投资决策的失误。

1. 可行性研究的作用

(1)作为建设项目投资决策的依据。由于可行性研究与建设项目有关的各个方面都进行了调查研究和分析，并以大量数据论证了项目的先进性、合理性、经济性，以及其他方面的可行性，这是建设项目投资建设的首要环节，项目主管部门主要是依据项目可行性研究的评价结果，并结合国家财政经济条件和国民经济发展的需要，作出此项目是否应该投资和如何进行投资的决策。

(2)作为建设单位向当地政府规划、环保等部门办理相关审批的依据可行性研究报告经审查，符合国家和地方法律法规的规定，不造成环境污染，方能批准建设许可。

(3)作为建设项目编制初步设计文件的依据。初步设计是依据可行性研究对所要建设的项目规划出实际性的建设蓝图，即较详尽地规划出此项目的规模、标准水平、总体布置、建设工期、投资概算、技术经济指标等内容，并为下一步实施项目设计提出具体操作方案。初步设计不得违背可行性研究已经论证的原则。

(4)作为建设项目的科研试验、机构设置、生产组织的依据。依据批准的可行性研究报告，进行与建设项目有关的科研试验，设置相宜的组织机构，以及合理的生产组织等工作安排。

(5)作为项目投资估算的依据。可行性研究阶段主要是通过优化方案设计，求得一个最佳设计方案，从而确定一个合理的投资估算。此阶段，建设工程的范围、组成、功能、标准、结构形式等并不十分明确，所以优化的限制条件较少，优化的内容较多，对工程造价的影响也较大，是工程造价管理的重点。

(6)作为建设项目筹资和向银行申请贷款的依据。银行通过审查项目可行性研究报告，确认了项目的经济效益水平和偿还能力，在不承担过大风险的前提下，银行才能同意贷款。这对合理利用资金，提高投资经济效益具有重要作用。

(7)作为建设项目后评价的依据。建设项目后评价是在项目建成一段时间后，评价项目实际效果是否达到预期目标。建项目的预期目标是在可行性研究报告中确定的，因此，后评价应以可行性研究报告为依据，评价项目目标实现程度，找出差距，为后续类似项目建设总结经验。

2. 可行性研究的目的

建设项目可行性研究是项目进行投资决策和建设的先决条件和主要依据。可行性研究的目的主要有：

(1)避免建设项目方案多变。建设项目方案的可靠性、稳定性是非常重要的。因为项目方案的多变无疑会造成人力、物力、财力的巨大浪费和时间的延误，这将大大影响建设项目的经济效果。

(2)达到最佳的投资经济效果。投资者往往不满足于一定的资金利润率，要求在多个可能的投资方案中优选最佳方案，力争达到最好的经济效果。

(3)减少建设项目的风险。现代化的建设项目规模宏大、投资额巨大，若轻易作出投资决策，一旦遭到风险，损失太大。为了避免这些损失，就要事先对项目所面临的各种可能的风险因素进行合理准确的评估判断，并采取积极的防控措施规避风险。

(4)对建设项目因素的变化心中有数。对项目在建设过程中或项目竣工后，可能出现的有些相关因素的变化后果，做到心中有数。

(5)避免错误的建设项目投资决策。由于技术、经济和管理科学发展迅速，市场竞争激烈，客观要求在进行项目投资决策之前作出准确无误的判断，避免错误的项目投资。

(6)保证建设项目不超支、工期不延误，做到在估算的投资额范围以内和预定的建设期限以内使项目竣工交付使用。

3. 可行性研究的阶段

项目建设的全过程一般分为三个主要时期：投资前时期、投资时期、生产时期。

可行性研究在投资前时期进行。可行性研究工作主要包括四个阶段：机会研究阶段、初步可行性研究阶段、详细可行性研究阶段、评价和决策阶段。

(1)机会研究阶段:这一阶段的主要任务是提出建设项目投资方向建议,即在一个确定的地区和部门内,根据自然资源、市场需求、国家政策与国际贸易情况,通过调查研究、预测分析,选择建设项目,寻找投资机会。

这一阶段的工作比较粗略,所估算的投资额精确程度控制在±30%左右。大中型项目的机会研究时间在1~3个月,所需费用占投资总额的0.2%~1%。

(2)初步可行性研究阶段是正式详细可行性研究前的预备性研究阶段。经过初步可行性研究,认为该项目具有一定的可行性,便可转入详细可研究阶段,否则就终止该项目。

初步可行性研究内容和结构与详细可行性研究基本相同,主要区别是获得资料的详尽程度不同,研究深度不同。对建设投资的估算精度一般要求控制在±20%左右,研究时间为4~6个月,所需费用占投资总额的0.2%~1.25%。

(3)详细可行性研究阶段。详细可行性研究又称技术经济可行性研究,是可行性研究的主要阶段,是建设项目投资决策的基础。这一阶段内容较详尽,所花费的时间和精力都较大。此阶段的建设投资估算精度控制在±10%左右,大型项目研究工作所需时间为8~12个月,所需费用约占投资总额的0.2%~1%;中小型项目研究时间为4~6个月,所需费用占投资总额的1%~3%。

(4)评价与决策阶段。评价与决策是由投资决策部门组织和授权有关咨询公司或专家,代表项目业主和出资人对建设项目可行性研究报告进行全面审核与再评价,最终决策该项目投资是否可行,并确定最佳投资方案。

4. 可行性研究报告的内容

可行性研究需要提出研究报告,可行性研究报告应该包括以下内容:

(1)项目总论;

(2)产品的市场需求与建设规模;

(3)资源、原材料、燃料及公用设施情况;

(4)建设条件与建设选址;

(5)项目设计方案;

(6)环境保护与劳动安全;

(7)企业组织、劳动定员和人员培训;

(8)项目施工计划与进度要求;

(9)投资估算与资金筹措;

(10)项目的经济评价;

(11)综合评价与结论、建议。

归纳上面内容可看出,建设项目可行性研究报告可概括为三大部分:一是市场研究,包括产品的市场调查和预测研究,这是项目可行性研究的基础和前提,主要任务是要解决项目的“必要性”；二是技术研究，即技术方案与建设条件研究，这是项目可行性研究的技术基础，主要是解决项目技术上的“可行性”；三是效益研究，即经济效益的分析与评价，这是项目可行性研究的核心部分，主要解决项目经济上的“合理性”。市场研究、技术研究、效益研究共同构成了项目可行性研究的三大支柱。

5. 可行性研究报告的编制与审批

(1)可行性研究报告的编制程序：根据我国现行的工程项目建设程序和国家颁布的《关于建设项目进行可行性研究试行管理办法》，可行性研究的工作程序如下。

1)建设单位提出项目建议书与初步可行性研究报告。各建设单位在广泛调研、收集资料、踏勘建设地点、初步分析投资效果的基础上，提出需要进行可行性研究的项目建议书和初步可行性研究报告。跨地区、跨行业的建设项目以及对国计民生有重大影响的大型项目，由有关部门和地区联合提出项目建议书和初步可行性研究报告。

2)项目业主、承办单位委托有资格的单位进行可行性研究。一般是委托有资格的工程咨询公司(或设计单位)进行可行性研究并签订合同。在合同中应规定研究工作的依据、研究范围、内容、前提条件、研究工作质量、进度安排、费用支付办法、协作方式及合同双方的责任和关于违约处理的方法。

3)咨询公司或设计单位进行可行性研究工作，编制完整的可行性研究报告。可行性研究工作的开展可按以下五步进行。

①了解有关部门与委托单位对建设项目的意图，组建工作小组，制订工作计划。

②拟订调研提纲，组织人员进行现场调研、收集相关资料，从市场与资源两方面着手分析论证项目建设的必要性。

③在广泛调研的基础上，构造若干个可供选择的技术方案与建设方案，并进行比较，选出最优方案。

④选定与本项目有关的经济评价基础数据和指标参数，对所选出的方案进行详细的财务预测、财务效益分析、国民经济评价与社会效益评价。论证项目经济效益和社会效益。

⑤提出可行性研究报告，与委托单位交换意见。

(2)可行性研究报告的审批。我国建设项目的可行性研究，按照国家发展和改革委员会的规定：大中型项目的可行性研究报告，由各主管部门及各省、自治区、直辖市或全国性专业公司负责预审，报国家发展和改革委员会审批，或由国家发展和改革委员会委托有关单位审批；重大项目或特殊项目的可行性研究报告，由国家发展和改革委员会同有关部门预审，报国务院审批；小型项目的可行性研究报告，按照隶属关系，由各主管部门及各省、自治区、直辖市或全国专业性公司审批。

经可行性研究证明不可行的项目，审定后项目取消。

第二节　项目投资估算

一、项目投资估算的概念和作用

1. 投资估算的概念

投资估算是指在项目投资决策过程中，依据现有的资料和特定的方法，对建设项目的投资数额进行的估计。它是项目建设前期编制项目建议书和可行性研究报告的重要组成部分，是项目决策的重要依据之一。

2. 投资估算在项目开发建设过程中的作用

(1)项目建议书阶段的投资估算，是项目主管部门审批项目建议书的依据之一，并对项目的规划、规模起参考作用。

(2)项目可行性研究阶段的投资估算，是项目投资决策的重要依据，也是研究、分析、计算项目投资经济效果的重要条件。当可行性研究报告被批准之后，其投资估算额就是作为设计任务书中下达的投资限额，即作为建设项目投资的最高限额，不得随意突破。

(3)项目投资估算是核算建设项目固定资产投资需要额和编制固定资产投资计划的重要依据。

(4)项目投资估算对工程设计概算起控制作用，设计概算不得突破批准的投资估算额，并应控制在投资估算额以内。

(5)项目投资估算可作为项目资金筹措及制订建设贷款计划的依据，建设单位可根据批准的项目投资估算额，进行资金筹措和向银行申请贷款。

二、投资估算的阶段划分与精度要求

1. 国外项目投资估算的阶段划分与精度要求

在国外，如英、美等国把建设项目的投资估算分为以下五个阶段：

(1)项目的投资设想时期。在尚无工艺流程图、平面布置图，也未进行设备分析的情况下，即根据假想条件比照同类型已投产项目的投资额，并考虑涨价因素来编制项目所需要的投资额，所以这一阶段称为毛估阶段，或称比照估算。这

一阶段投资估算的意义是判断一个项目是否需要进行下一步的工作，对投资估算精度的要求准确程度为允许误差大于±30%。

(2)项目的投资机会研究时期。此时应有初步的工艺流程图、主要生产设备的生产能力及项目建设的地理位置等条件，故可套用相近规模项目的单位生产能力建设费用来估算建设项目所需要的投资额，据以初步判断项目是否可行，或据以审查项目引起投资兴趣的程度。这一阶段称为粗估阶段，或称因素估算，其对投资估算精度的要求为误差控制在±30%以内。

(3)项目的初步可行性研究时期。此时已具有设备规格表、主要设备的生产能力、项目的总平面布置、各建筑物的大致尺寸、公用设施的初步位置等条件。此时期的投资估算额，可据以决定建设项目是否可行，或据以列入投资计划。这一阶段称为初步估算阶段，或称认可估算，其对投资估算精度的要求为误差控制在±20%以内。

(4)项目的详细可行性研究时期。此时项目的细节已经清楚，并已经进行了建筑材料、设备的询价，亦已进行了设计和施工的咨询，但工程图纸和技术说明尚不完备。可根据此时期的投资估算额进行筹款。这一阶段称为确定估算，或称控制估算，其对投资估算精度的要求为误差控制在±10%以内。

(5)项目的工程设计阶段。此时应具有工程的全部设计图纸、详细的技术说明、材料清单、工程现场勘察资料等，故可根据单价逐项计算而汇总出项目所需要的投资额。可据此投资估算控制项目的实际建设。这一阶段称为详细估算，或称投标估算，其对投资估算精度的要求为误差控制在±5%以内。

2. 我国项目投资估算的阶段划分与精度要求

我国建设项目的投资估算分为以下几个阶段：

(1)项目规划阶段的投资估算。建设项目规划阶段是指有关部门根据国民经济发展规划、地区发展规划和行业发展规划的要求，编制一个建设项目的建设规划。此阶段是按项目规划的要求和内容，粗略地估算建设项目所需要的投资额。其对投资估算精度的要求为允许误差大于±30%。

(2)项目建议书阶段的投资估算。在项目建议书阶段，是按项目建议书中的产品方案、项目建设规模、产品主要生产工艺、企业车间组成、初选建厂地点等，估算建设项目所需要的投资额。其对投资估算精度的要求为误差控制在±30%以内。此阶段项目投资估算的意义是可据此判断一个项目是否需要进行下一阶段的工作。

(3)初步可行性研究阶段的投资估算。初步可行性研究阶段，是在掌握了更详细、更深入的资料的条件下，估算建设项目所需的投资额。其对投资估算精度的要求为误差控制在±20%以内。此阶段项目投资估算的意义是据以确定是否进行详细可行性研究。

(4)详细可行性研究阶段的投资估算。详细可行性研究阶段的投资估算至关重要,因为这个阶段的投资估算经审查批准之后,便是工程设计任务书中规定的项目投资限额,并可据此列入项目年度基本建设计划。其对投资估算精度的要求为误差控制在±10%以内。

三、投资估算的依据、要求及步骤

1. 投资估算依据

(1)建设标准和技术、设备、工程方案。

(2)专门机构发布的建设工程造价费用构成、估算指标、计算方法,以及其他有关计算工程造价的文件。

(3)专门机构发布的工程建设其他费用计算办法和费用标准,以及政府部门发布的物价指数。

(4)建设项目各单项工程的建设内容及工程量。

(5)资金来源与建设工期。

2. 投资估算要求

(1)工程内容和费用构成齐全,计算合理,不重复计算,不提高或者降低估算标准,不漏项、不少算。

(2)选用指标与具体工程之间存在标准或者条件差异时,应进行必要的换算或调整。

(3)投资估算精度应能满足控制初步设计概算要求。

3. 投资估算的步骤

(1)分别估算各单项工程所需的建筑工程费、设备及工器具购置费、安装工程费。

(2)在汇总各单项工程费用的基础上,估算工程建设其他费用和基本预备费。

(3)估算涨价预备费和建设期贷款利息。

(4)估算流动资金。

(5)汇总得到建设项目总投资估算。

四、投资估算的方法

1. 固定资产投资静态投资部分的估算

不同阶段的投资估算,其方法和允许误差都是不同的。项目规划和项目建议书阶段,投资估算的精度低,可采取简单的匡算法,如生产能力指数法、单位生产能力法、比例法、系数法等。在可行性研究阶段尤其是详细可行性研究阶段，投资估算精度要求高，需采用相对详细的投资估算方法，即指标估算法。

(1)单位生产能力估算法。依据调查的统计资料，利用相近规模的单位生产能力投资乘以建设规模，即得建设项目投资。其计算公式为：

$$C_2=\left(\frac{C_1}{Q_1}\right)Q_2 f \tag{5-1}$$

式中：C_1——已建类似项目的静态投资额；

C_2——建设项目静态投资额；

Q_1——已建类似项目的生产能力；

Q_2——建设项目的生产能力；

f——不同时期、不同地点的定额、单价、费用变更等的综合调整系数。

这种方法把项目的建设投资与其生产能力的关系视为简单的线性关系，估算结果精确度较差。使用这种方法时要注意建设项目的生产能力和类似项目的可比性，否则误差很大。由于在实际工作中不易找到与建设项目完全类似的项目，通常是把项目按其下属的车间、设施和装置进行分解，分别套用类似车间、设施和装置的单位生产能力投资指标计算，然后加总求得项目总投资。或根据建设项目的规模和建设条件，将投资进行适当调整后估算项目的投资额。这种方法主要用于新建项目或装置的估算，十分简便迅速，但要求估价人员掌握足够的典型工程的历史数据，这些数据均应与单位生产能力的造价有关，方可应用，而且必须是新建装置与所选取装置的历史资料相类似，仅存在规模大小和时间上的差异。

【例 5-1】 假定某地建设一座 200 套客房的豪华宾馆，另有一座豪华宾馆最近在该地竣工，且掌握了以下资料：有 250 套客房，有门厅、餐厅、会议室、游泳池、夜总会、网球场等设施，总造价为 1025 万美元。试估算新建项目的总投资。

解：根据以上资料，可首先推算出折算为每套客房的造价：

总造价客房总套数＝1025÷250＝4.1(万美元/套)

据此，即可很迅速地计算出在同一个地方，且各方面有可比性的具有 200 套客房的豪华旅馆造价估算值为：

4.1 万美元×200＝820(万美元)

单位生产能力估算法估算误差较大，可达±30%。此法只能是粗略地快速估算，由于误差大，应用该估算法时需要小心，应注意以下几点：

1)地方性。建设地点不同，地方性差异主要表现为：两地经济情况不同；土壤、地质、水文情况不同；气候、自然条件的差异；材料、设备的来源、运输状况不同等。

2)配套性。一个工程项目或装置，均有许多配套装置和设施，也可能产生差异，如公用工程、辅助工程、厂外工程和生活福利工程等，这些工程随地方差异和工程规模的变化均各不相同，它们并不与主体工程的变化呈线性关系。

3)时间性。工程建设项目的兴建,不一定是在同一时间建设,时间差异或多或少存在,在这段时间内可能在技术、标准、价格等方面发生变化。

(2)生产能力指数法,又称指数估算法。它是根据已建成的类似项目生产能力和投资额来粗略估算建设项目投资额的方法,是对单位生产能力估算法的改进。其计算公式为:

$$C_2 = C_1 \left(\frac{Q_2}{Q_1}\right)^x \cdot f \tag{5-2}$$

式中:x——生产能力指数。

其他符号含义同上。

上式表明造价与工程规模(或容量)呈非线性关系,且单位造价随工程规模(或容量)的增大而减小。在正常情况下,$0 \leqslant x \leqslant 1$。不同生产率水平的国家和不同性质的项目中,$x$ 的取值是不相同的。比如化工项目美国取 $x=0.6$,英国取 $x=0.66$,日本取 $x=0.7$。

若已建类似项目的生产规模与建设项目生产规模相差不大,Q_1 与 Q_2 的比值为 0.5~2,则指数 x 的取值近似为 1。

若已建类似项目的生产规模与建设项目生产规模相差不大于 50 倍,且建设项目生产规模的扩大仅靠增加设备规模来达到时,则 x 的取值约为 0.6~0.7;若是靠增加相同规格设备的数量达到时,x 的取值约为 0.8~0.9。

生产能力指数法主要应用于建设装置或项目与用来参考的已知装置或项目的规模不同的场合。生产能力指数法与单位生产能力估算法相比精确度略高,其误差可控制在±20%以内,尽管估价误差仍较大,但有它独特的好处:这种估价方法不需要详细的工程设计资料,只知道工艺流程及规模就可以,在总承包工程报价时,承包商大都采用这种方法估价。

【例 5-2】 1972 年在某地兴建一座 30 万吨合成氨的化肥厂,总投资为 28000 万元,假如 1994 年在该地开工兴建 45 万吨合成氨的工厂,合成氨的生产能力指数为 0.81,则所需静态投资为多少(假定 1972~1994 年每年平均工程造价指数为 1.10)?

解:

$$C_2 = C_1 \left(\frac{Q_2}{Q_1}\right)^x \cdot f = 28000 \times \left(\frac{45}{30}\right)^{0.81} \times 1.10 = 42750.40(\text{万元})$$

(3)比例估算法。根据统计资料,先求出已有同类企业主要设备投资占全厂建设投资的比例,然后再估算出建设项目的主要设备投资,即可按比例求出建设项目的建设投资。其表达式为:

$$C = \frac{1}{K} \sum_{i=1}^{n} Q_i P_i \tag{5-3}$$

式中：C——建设项目的建设投资；

K——已建项目主要设备投资占建设项目投资的比例；

n——设备种类数；

Q_i——第 i 种设备的数量；

P_i——第 i 种设备的单价(到厂价格)。

(4)系数估算法，也称为因子估算法。它是以建设项目的主体工程费或主要设备费为基数，以其他工程费与主体工程费的百分比为系数估算项目总投资的方法。这种方法简单易行，但是精度较低，一般用于项目建议书阶段。系数估算法的种类很多，在我国国内常用的方法有设备系数法和主体专业系数法，朗格系数法是世界银行项目投资估算常用的方法。

1)设备系数法。以建设项目的设备费为基数，根据已建成的同类项目的建筑安装费和其他工程费等设备价值的百分比，求出建设项目建筑安装工程费和其他工程费，进而求出建设项口总投资。其计算公式如下：

$$C=E(1+f_1P_1+f_2P_2+f_3P_3+\cdots)+I \tag{5-4}$$

式中：C——建设项目投资额；

E——建设项目设备费；

P_1、P_2、P_3——已建项目中建筑安装费及其他工程费等与设备费的比例；

f_1、f_2、f_3——由于时间因素引起的定额、价格、费用标准等变化的综合调整系数；

I——建设项目的其他费用。

2)主体专业系数法。以建设项目中投资比重较大，并与生产能力直接相关的工艺设备投资为基数，根据已建同类项目的有关统计资料，计算出建设项目各专业工程(总图、土建、采暖、给水排水、管道、电气、自控等)与工艺设备投资的百分比，据以求出建设项目各专业投资，然后加总即为项目总投资。其计算公式为：

$$C=E(1+f_1P'_1+f_2P'_2+f_3P'_3+\cdots)+I \tag{5-5}$$

式中：P'_1、P'_2、P'_3——已建项目中各专业工程费用与设备投资的比重。

其他符号同上。

(5)指标估算法。这种方法是把建设项目划分为建筑工程、设备安装工程、设备及工器具购置费及其他基本建设费等费用项目或单位工程，再根据各种具体的投资估算指标进行各项费用项目或单位工程投资的估算，在此基础上，可汇总成每一单项工程的投资。另外再估算工程建设其他费用及预备费，即求得建设项目总投资。

1)建筑工程费用估算。建筑工程费用是指为建造永久性建筑物和构筑物所需要的费用，一般采用概算指标投资估算法、单位实物工程量投资估算法、单位建筑工程投资估算法等进行估算。

①概算指标投资估算法，对于没有上述估算指标且建筑工程费占总投资比例较大的项目，可采用概算指标估算法。采用此种方法，应占有较为详细的工程资料、建筑材料价格和工程费用指标，投入的时间和工作量大。

②单位实物工程量投资估算法，以单位实物工程量的投资乘以实物工程总量计算。土石方工程按每立方米投资，矿井巷道衬砌工程按每延米投资，路面铺设工程按每平方米投资，乘以相应的实物工程总量计算建筑工程费。

③单位建筑工程投资估算法，以单位建筑工程量投资乘以建筑工程总量计算。一般工业与民用建筑以单位建筑面积(m^2)的投资，工业窑炉砌筑以单位容积(m^3)的投资，水库以水坝单位长度(m)的投资，铁路路基以单位长度(m)的投资，矿上掘进以单位长度(m)的投资，乘以相应的建筑工程量计算建筑工程费。

2)设备及工器具购置费估算。设备购置费根据项目主要设备表及价格、费用资料编制，工器具购置费按设备费的一定比例计取。对于价值高的设备应按单台(套)估算购置费，价值较小的设备可按类估算，国内设备和进口设备应分别估算。

3)安装工程费估算。安装工程费通常按行业或专门机构发布的安装工程定额、取费标准和指标估算投资。具体可按安装费率、每吨设备安装费或单位安装实物工程量的费用估算，即：

安装工程费＝设备原价×安装费率

安装工程费＝设备吨位×每吨安装费

安装工程费＝安装工程实物量×安装费用指标

4)工程建设其他费用估算。工程建设其他费用按各项费用科目的费率或者取费标准估算。

5)基本预备费估算。基本预备费在工程费用和工程建设其他费用基础之上乘以基本预备费率。

使用指标估算法，应注意以下事项：

①使用指标估算法进行投资估算决不能生搬硬套，必须对工艺流程、定额、价格及费用标准进行分析，经过实事求是的调整与换算后，才能提高其精确度。

②使用指标估算法应根据不同地区、年代而进行调整。因为地区、年代不同，设备与材料的价格均有差异，调整方法可以按主要材料消耗量或工程量为计算依据；也可以按不同的工程项目的“万元工料消耗定额”而定不同的系数。在有关部门颁布有定额或材料价差系数(物价指数)时，可以据其调整。

2. 建设投资动态部分的估算

建设投资动态部分主要包括价格变动可能增加的投资额、建设期贷款利息两部分内容,如果是涉外项目,还应该计算汇率的影响。动态部分的估算应以基准年静态投资的资金使用计划为基础来计算,而不能以编制的年静态投资为基础计算。下面主要介绍汇率变化对涉外项目的影响。

汇率是两种不同货币之间的兑换比率,或者说是以一种货币表示的另一种货币的价格。汇率的变化意味着一种货币相对于另一种货币的升值或贬值。由于涉外项目的投资中包含人民币以外的币种,需要按照相应的汇率把外币投资额换算为人民币投资额,所以汇率变化就会对涉外项目的投资额产生影响。

(1)外币对人民币升值。项目从国外市场购买设备材料所支付的外币金额不变,但换算成人民币的金额增加;从国外借款,本息所支付的外币金额不变,但换算成人民币的金额增加。

(2)外币对人民币贬值。项目从国外市场购买设备材料所支付的外币金额不变,但换算成人民币的金额减少;从国外借款,本息所支付的外币金额不变,但换算成人民币的金额减少。

3. 流动资金估算方法

流动资金是指生产经营性项目投产后,为进行正常生产运营,用于购买原材料、燃料,支付工资及其他经营费用等所需的周转资金。流动资金估算一般采用分项详细估算法,个别情况或者小型项目可采用扩大指标估算法。

(1)分项详细估算法是根据周转额与周转速度之间的关系,对构成流动资金的各项流动资产和流动负债分别进行估算。在可行性研究中,为简化计算,仅对存货、现金、应收账款和应付账款四项内容进行估算,计算公式为:

流动资金=流动资产－流动负债

流动资产=应收账款＋存货＋现金

流动负债=应付账款

流动资金本年增加额=本年流动资金－上年流动资金

估算的具体步骤,首先计算各类流动资产和流动负债的年周转次数,然后再分项估算占用资金额。

1)周转次数计算。周转次数是指流动资金的各个构成项目在一年内完成多少个生产过程。周转次数可用一年天数(通常按 360 天计算)除以流动资金的最低周转天数计算,则各项流动资金年平均占用额度为流动资金的年周转额度除以流动资金的年周转次数。即:

周转次数=360/流动资金最低周转天数

存货、现金、应收账款和应付账款的最低周转天数,可参照同类企业的平均周转天数并结合项目特点确定。又因为周转次数可以表示为流动资金的年周转额除以各项流动资金年平均占用额度,所以:

各项流动资金年平均占用额＝流动资金年周转额/周转次数

2)应收账款估算。应收账款是指企业对外赊销商品、劳务而占用的资金。应收账款的年周转额应为全年赊销收入净额。在可行性研究时,用销售收入代替赊销收入。计算公式为:

应收账款＝年销售收入/应收账款周转次数

3)存货估算。存货是企业为销售或者生产耗用而储备的各种物资,主要有原材料、辅助材料、燃料、低值易耗品、维修备件、包装物、在产品、自制半成品和产成品等。为简化计算,仅考虑外购原材料、外购燃料、在产品和产成品,并分项进行计算。计算公式为:

存货＝外购原材料＋外购燃料＋在产品＋产成品

外购原材料＝年外购原材料总成本/按种类分项年周转次数

外购燃料＝年外购燃料/按种类分项年周转次数

在产品＝(年外购原材料、燃料＋年工资及福利费＋年修理费＋年其他费)/年产品周转次数

产成品＝年经营成本/年产成品周转次数

4)现金需要量估算。项目流动资金中的现金是指货币资金,即企业生产运营活动中停留于货币形态的那部分资金,包括企业库存现金和银行存款。计算公式为:

现金需要量＝(年工资及福利费＋年其他费用)/年现金周转次数

年其他费用＝制造费用＋管理费用＋销售费用－(以上三项费用中所含的工资及福利费、折旧费、维简费、摊销费、修理费)

5)流动负债估算。流动负债是指在一年或者超过一年的一个营业周期内,需要偿还的各种债务。在可行性研究中,流动负债的估算只考虑应付账款一项。计算公式为:

应付账款＝(年外购原材料＋年外购燃料)/应付账款年周转次数

(2)扩大指标估算法是根据现有同类企业的实际资料,求得各种流动资金率指标,也可依据行业或部门给定的参考值或经验确定比率,将各类流动资金率乘以相对应的费用基数来估算流动资金。一般常用的基数有销售收入、经营成本、总成本费用和固定资产投资等,究竟采用何种基数依行业习惯而定。扩大指标估算法简便易行,但准确度不高,适用于项目建议书阶段的估算。扩大指标估算法计算流动资金的公式为:

年流动资金额＝年费用基数×各类流动资金率

年流动资金额＝年产量×单位产品产量占用流动资金额

(3)估算流动资金应注意的问题:

1)在不同生产负荷下的流动资金,应按不同生产负荷所需的各项费用金额,分别按照上述的计算公式进行估算,而不能直接按照1.0%的生产负荷下的流动资金乘以生产负荷百分比求得。

2)流动资金属于长期性(永久性)流动资产,流动资金的筹措可通过长期负债和资本金(一般要求占30%)的方式解决。流动资金一般要求在投产前一年开始筹措,为简化计算,可规定在投产的第一年开始按生产负荷安排流动资金需用量。其借款部分按全年计算利息,流动资金利息应计入生产期间财务费用,项目计算期末收回全部流动资金(不含利息)。

3)在采用分项详细估算法时,应根据项目实际情况分别确定现金、应收账款、存货和应付账款的最低周转天数,并考虑一定的保险系数。最低周转天数的减少,将增加周转次数,从而减少流动资金需用量,因此,必须切合实际地选用最低周转天数。对于存货中的外购原材料和燃料,要分品种和来源,考虑运输方式和运输距离,以及占用流动资金的比重大小等因素确定。

五、投资估算的审核

投资估算作为建设项目投资的最高限额,对工程造价的合理确定和有效控制起着十分重要的作用,为保证投资估算的完整性和准确性,必须加强对投资估算的审核工作。

有关文件规定,对建设项目进行评估时应进行投资估算的审核,政府投资项目的投资估算审核除依据设计文件外,还应依据政府有关部门发布的有关规定、建设项目投资估算指标和工程造价信息等计价依据。

投资估算的审核主要从以下几个方面进行:

1. 审核和分析投资估算编制依据的时效性、准确性和实用性

估算项目投资所需的数据资料很多,如已建同类型项目的投资、设备和材料价格、运杂费率,有关的指标、标准以及各种规定等。这些资料可能随时间、地区、价格及定额水平的差异,使投资估算有较大的出入,因此要注意投资估算编制依据的时效性、准确性和实用性。针对这些差异必须作好定额指标水平、价差的调整系数及费用项目的调查。同时对工艺水平、规模大小、自然条件、环境因素等对已建项目与拟建项目在投资方面形成的差异进行调整,使投资估算的价格和费用水平符合项目建设所在地估算投资年度的实际。针对调整的过程及结果要进行深入细致的分析和审查。

2. 审核投资估算的费用项目、费用数额的真实性

(1)审核对于“三废”处理所需相应的投资是否进行了估算,其估算数额是否

符合实际。

(2)审核是否考虑了物价上涨和对于引进国外设备或技术项目是否考虑了每年的通货膨胀率对投资额的影响,考虑的波动变化幅度是否合适。

(3)审核项目投资主体自有的稀缺资源是否考虑了机会成本,沉没成本是否剔除。

(4)审核项目所在地区的交通、地方材料供应、国内外设备的订货与大型设备的运输等方面,是否针对实际情况考虑了材料价格的差异问题;对偏僻地区或有大型设备时是否已考虑了增加设备的运杂费。

(5)审核是否考虑了采用新技术、新材料以及现行标准和规范比已建项目的要求提高所需增加的投资额,考虑的额度是否合适。

(6)审核各个费用项目与规定要求、实际情况是否相符,有否漏项或多项,估算的费用项目是否符合项目的具体情况、国家规定及建设地区的实际要求,是否针对具体情况作了适当的增减。

3. 审核选用的投资估算方法的科学性与适用性

投资估算的方法有许多种,每种估算方法都有各自适用条件和范围,并具有不同的准确度。如果使用的投资估算方法与项目的客观条件和情况不相适应,或者超出了该方法的适用范围,那就不能保证投资估算的质量,而且还要结合设计的阶段或深度等条件,采用适用、合理的估算办法进行估算。

如采用"单位工程指标"估算法时,应该审核套用的指标与拟建工程的标准和条件是否存在差异,及其对计算结果影响的程度,是否已采用局部换算或调整等方法对结果进行修正,修正系数的确定和采用是否具有一定的科学依据。处理方法不同,技术标准不同,费用相差可能达十倍甚至数十倍。当工程量较大时,对估算总价影响甚大,如果在估算中不按科学进行调整,将会因估算准确程度差造成工程造价失控。

4. 审核投资估算的编制内容与拟建项目规划要求的一致性

审核投资估算的工程内容,包括工程规模、自然条件、技术标准、环境要求,与规定要求是否一致,是否在估算时已进行了必要的修正和反映,是否对工程内容尽可能的量化和质化,有没有出现内容方面的重复或漏项和费用方面的高估或低算。

如建设项目的主体工程与附加工程或辅助工程、公用工程、生产与生活服务设施、交通工程等是否与规定的一致。是否漏掉了某些辅助工程、室外工程等的建设费用。

值得注意的是:投资估算要留有余地,既要防止漏项少算,又要防止高估冒算。要在优化和可行的建设方案的基础上,根据有关规定认真、准确、合理地确定经济指标,以保证投资估算的质量,使其真正地起到决策和控制的作用。

第六章　设计阶段工程造价的控制

第一节　概　　述

一、设计阶段及程序

1. 工程设计的含义

工程设计是指在工程开始施工之前，设计者根据已批准的设计任务书，为具体实现建设项目的技术、经济要求，拟定建筑、安装及设备制造等所需的规划、图纸、数据等技术文件的工作。

2. 设计阶段

为保证工程建设和设计工作有机地配合和衔接，一般将工程设计分为几个阶段进行。我国规定，一般工业与民用建设项目设计按初步设计和施工图设计两阶段进行，称之为“两阶段设计”；对于技术上复杂而又缺乏设计经验的项目，可按初步设计、技术设计和施工图设计三个阶段进行，称之为“三阶段设计”。小型建设项目中技术简单的，在初步设计确定后，就可做施工图设计。在各设计阶段，都需要编制相应的工程造价控制文件，即设计概算、修正概算、施工图预算等，逐步由粗到细地确定工程造价控制目标，并经过分段审批，切块分解，层层控制工程造价。

3. 设计程序

（1）设计前准备工作。设计者在动手设计之前，首先要了解并掌握各种有关的外部条件和客观情况，在收集资料的基础上，对工程主要内容（包括功能与形式）的安排有个大概的布局设想，然后还要考虑工程与周围环境之间的关系。

（2）初步设计。这是设计过程中的一个关键性阶段，也是整个设计构思基本形成的阶段。通过初步设计可以进一步明确建设工程在指定地点和规定期限内进行建设的技术可行性和经济合理性，并规定主要技术方案、工程总造价和主要技术经济指标，以利于在项目建设和使用过程中最有效地利用人力、物力和财力。在初步设计阶段应编制设计总概算。

(3)技术设计是初步设计的具体化,也是各种技术问题的定案阶段。技术设计的详细程度应能满足设计方案中重大技术问题的要求,应保证能根据它进行施工图设计和提出设备订货明细表。技术设计时,如果对初步设计中所确定的方案有所更改,应就更改部分编制修正概算书。对于不太复杂的工程,技术设计阶段可以省略,当初步设计完成后直接进入施工图设计阶段。

(4)施工图设计。这一阶段主要是通过设计图纸,把设计者的意图和全部设计结果表达出来,作为工人进行工程施工的依据。它是设计工作和施工工作的桥梁。具体包括建设项目各部分工程的详图和零部件、结构构件明细表,以及验收标准、方法等。施工图设计的深度应能满足设备材料的选择与确定、非标准设备的设计与加工制作、施工图预算的编制、建筑工程施工和安装的要求。

(5)设计交底和配合施工。施工图发出后,根据现场需要,设计单位应派人到施工现场,与建设单位、施工单位以及工程监理单位共同会审施工图,进行技术交底,介绍设计意图和技术要求,修改不符合实际和有错误的图纸;在施工中及时解决施工时设计文件出现的问题;当施工完毕后参加试运转和竣工验收,解决试运转过程中的各种技术问题。对于大中型工业项目和大型复杂的民用工程,设计单位应派代表到现场积极配合现场施工并参加隐蔽工程验收。

二、设计阶段影响工程造价的因素

1. 总平面设计

总平面设计中影响工程造价的有占地面积、功能分区和运输方式等因素。

(1)占地面积。占地面积的多少一方面影响征地费用的高低,另一方面也会影响管线布置成本及项目建成后运营的运输成本等。

(2)功能分区。应根据建设项目的地形地质状况,因地制宜、合理布置,使主要设备配置合理、生产工艺流程顺畅以及运输简便,从而降低建设工程造价和建成后的运营成本。

(3)运输方式的选择。建设项目的运输设计应根据生产工艺流程和各功能区的要求以及建设场地等具体情况,合理选择不同的运输方式。

2. 建筑设计

建筑设计是指根据建筑功能要求,结合施工组织方案和施工条件进行设计,决定工程的立面、平面设计和结构方案及工艺要求。此外,按照建筑物和构筑物及公用辅助设施的设计标准,提出建筑工艺方案、采暖通风、给水排水等问题的简要说明。建筑设计中影响工程造价的主要有平面形状、流通空间、层高、建筑物层数、柱网布置、建筑物的面积和体积、建筑结构等因素。

(1)平面形状。一般情况下,建筑周长系数 K(单位建筑面积所占外墙长度)

越低,设计越经济。K 按圆形、正方形、矩形、T 形、L 形的次序依次增大。建筑物平面形状的设计应在满足建筑物功能要求的前提下,降低建筑物周长与建筑面积比,实现建筑物寿命周期成本最低的目标要求。

(2)流通空间。在满足建筑物使用要求的前提下,将流通空间减少到最小是建筑物的经济平面布置的主要目标之一。

(3)层高。在建筑面积不变的情况下,建筑层高降低还可提高住宅区的容积率,节约征地费、拆迁费及市政设施费。

(4)建筑物层数。建筑工程总造价是随着建筑物的层数增加而提高的,但是当建筑层数增加时,单位建筑面积所分摊的土地费用及外部流通空间费用将有所降低,从而使建筑物单位面积造价发生变化。建筑物层数对造价的影响,因建筑类型、形式和结构不同而不同。

(5)柱网布置。柱网布置就是确定柱子的跨度和间距。柱网布置是否合理,对工程造价和厂房面积的利用效率都有较大的影响。柱网的选择与厂房中有无起重机、起重机的类型及吨位、屋顶的承重结构以及厂房的高度等因素有关。

(6)建筑物的面积和体积。一般情况下,随着建筑物面积和体积的增加,工程总造价会提高。因此,对于工业建筑,在不影响生产能力的条件下,厂房、设备布置力求紧凑合理;要采用先进工艺和高效能的设备,节省厂房面积;要采用大跨度、大柱距的大厂房平面设计形式,提高平面利用系数。对于民用建筑,尽量减少结构面积比例,增加有效面积。住宅结构面积与建筑面积之比称为结构面积系数,这个系数越小,设计越经济。

(7)建筑结构。建筑结构是指建筑工程中由基础、梁、板、柱、墙、屋架等构件所组成的起骨架作用的、能承受直接和间接“荷载”的体系。建筑结构按所用材料可分为:砌体结构、钢筋混凝土结构、钢结构和木结构等。

3. 工艺设计

按照建设程序,工艺设计要严格依据批准的可行性研究报告所确定的生产规模、产品方案和工艺流程,进行工艺技术方案的具体选择和设计。工艺设计的内容主要包括建设规模、标准和产品方案;工艺流程和主要设备配置;主要原材料和燃料供应以及地方材料来源;“三废”治理及环保措施;此外还包括生产组成概况及劳动情况等,从而确定了从原材料到产品整个生产过程的具体工艺流程和生产技术。

三、设计阶段工程造价管理的意义

工程设计阶段是建设项目最关键的阶段,控制工程造价的关键在于施工之前的投资决策及设计阶段,而项目在作出投资决策后,控制造价的关键就在设计阶段。

通过设计阶段工程造价的计价分析可以使造价构成更合理，提高资金使用效率，并利用价值工程理论分析项目各个组成部分功能与成本的匹配程度，调整项目功能与成本使其更加趋于合理。

在设计阶段控制工程造价会使控制工作更加主动。

在设计阶段进行工程造价控制，更能使技术与经济相结合。

第二节 限额设计

一、限额设计概述

1. 限额设计的概念

限额设计就是按照批准的可行性研究报告及投资估算控制初步设计，按照批准的初步设计总概算控制技术设计和施工图设计，根据施工图预算造价对施工图设计的各专业设计进行限额分配设计，使各专业设计在分配的投资限额内控制设计并保证各专业满足使用功能的要求，严格控制不合理变更，保证总的投资额不被突破。限额设计的控制对象是影响工程设计的静态投资或基础价项目。

2. 限额设计的目标

(1)限额设计目标的确定。限额设计的目标是在初步设计开始之前，根据批准的可行性报告及其投资估算的数额来确定的。限额设计指标经项目经理或总设计师提出，经设计负责人审批下达，其总额度一般按直接工程费用的90%左右下达，以便项目经理或总设计师及各专业设计室主任留有一定的机动调节指标，限额设计指标用完后，必须经过批准才能调整。各专业之间或专业内部设计节约下来的分配指标费用，未经批准，不能相互平衡及相互调用。

(2)采用优化设计，保证限额目标的实现。限额目标的实现离不开设计的优化。优化设计是保证投资限额及控制造价的重要手段。在进行优化设计时，必须根据实际问题的性质，选择不同的优化方法。

3. 限额设计的意义

(1)限额设计是按上一阶段批准的投资或造价控制下一阶段的设计，而且在设计中以控制工程量为主要手段，抓住了控制工程造价的核心，从而克服了“三超”。

(2)限额设计有利于处理好技术与经济的对立统一关系，提高设计质量。

(3)限额设计能扭转设计概预算本身的失控现象。限额设计可促使设计单位内部使设计和概预算形成有机的整体,克服相互脱节现象。增强设计人员经济观念,在设计中,各自检查本专业的工程费用,切实做好造价控制工作。

二、限额设计的控制

1. 限额设计的控制过程

限额设计的控制过程就是建立项目投资目标的控制过程,即目标分解与计划、目标实施、目标实施检查、信息反馈的循环控制过程,其控制的主要过程如下所述。

(1)用投资估算的限额控制各单项或单位工程的设计限额;根据各单项或单位工程的分配限额进行初步设计。

(2)用初步设计的设计概算(或修正概算)判定设计方案的造价是否符合限额要求,若超过限额,就应当修正初步设计;当初步设计符合限额要求后,就进行初步设计决策并确定各单位工程的施工图设计限额。

(3)根据各单位工程的施工图预算判定是否在概算或限额控制内,若不满足就修正限额或修正各专业施工图设计;当施工图预算造价满足限额要求,施工图设计的经济论证就通过,限额设计的目标就得以实现,就可以进行正式的施工图设计及归档。

2. 投资分解

投资分解是实行限额设计的有效途径和主要方法。设计任务书审批通过后,设计单位在设计之前应在设计任务书的总框架内将投资额分解到各专业上去,然后再分配到各单项工程和单位工程,作为进行初步设计的控制及限额目标值。这种分配一般要进行方案设计,并在此基础上作出分配决策。

3. 初步设计阶段的限额设计

初步设计应严格按照分配的限额进行设计,在初步设计之前,项目总设计师应将设计任务书规定的设计原则、功能要求、投资限额等给设计人员初步交底,使设计人员认真研究设计限额及实现的可能性,切实进行多方案比选,对各种技术经济方案的主要材料及设备、工艺流程、总图方案以及各项费用指标进行分析对比,从中选择出既能达到工程设计要求,又不超过投资限额的初步设计方案。如果发现设计方案或某种费用指标超出任务书的投资限额,应及时提出并解决,不能等到设计概算编制出来后,才发现已超限额,再被动压低造价、减少项目或降低设计标准及功能。这样既影响设计进度,也影响设计的质量,也将会影响下一步施工图设计投资限额的控制。

4. **施工图设计阶段的限额设计**

施工图设计中，无论是建设项目总造价，还是单项工程或单位工程造价，均不能超过已批准的初步设计概算造价，设计单位应根据造价控制目标详细确定施工图设计中各主要环节。施工图设计阶段是限额设计实现的最关键环节，因为施工图是直接指导施工最详细、最具体的设计文件，其设计内容在没有变更的情况下，就是工程建成后的真实内容反映。因此该阶段的限额控制及设计非常重要。

施工图设计应把握两个标准，一个是质量标准，另一个是造价标准。应做到两者协调一致，防止重质量轻经济的倾向，同时，也不能因为一味满足限额要求而被动降低设计质量。必须在优化设计的前提下，对设计结果进行技术经济分析，看是否有利于造价控制目标的实现。每个单位工程施工图设计完成后，应及时做出施工图预算，判别是否在限额控制内，若不满足限额要求，应及时修改施工图，直到符合限额要求。只有当施工图造价满足了限额要求时，施工图设计才算完成，限额设计才得以实现。

5. **设计变更的控制**

在初步设计阶段，由于设计外部条件的制约及人们主观认识的局限性，往往会造成施工图设计阶段，甚至施工过程中的局部修改和变更，这会引起确定了的造价值发生变化。

设计变更应尽量提前，如图 6-1 所示：变更发生得越早，损失越小，反之就越大。

尤其对于影响造价权重较大的变更，应采取先计算造价，再进行变更的办法解决，使工程造价得以事前有效控制。

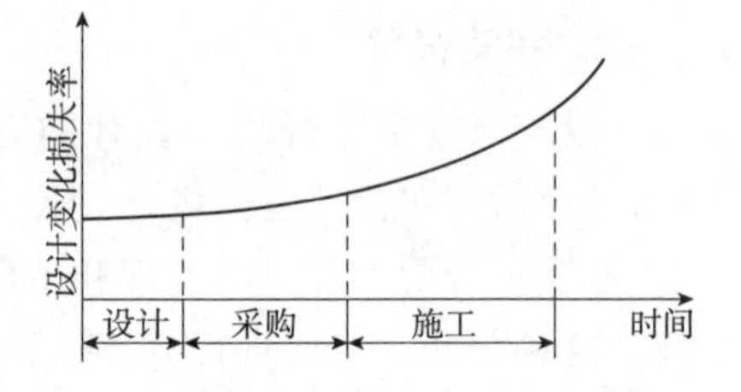

图 6-1　设计变更损失随时间变化图

限额设计控制工程造价可以从两个方面着手，一种是按照限额设计过程从前往后依次进行控制，称为纵向控制；另一种是对设计单位及内部各专业设计人员进行设计考核，进而保证设计质量的一种控制方法，称为横向控制。横向控制首先必须明确各设计单位内部各专业科室对限额设计所负的责任，将工程投资按专业进行分配，并分段考核，下段指标不得突破上段指标，责任落实越明细，效果就越明显。其次要建立健全奖惩制度，设计单位在保证设计功能及安全的前提下，尽量采用新材料、新工艺、新设备、新方案等措施，节约了造价的，应根据节约的额度大小给予奖励；设计单位设计错误、漏项或改变标准及规模而导致工程投资超支的，要视其比例扣减设计费。

三、限额设计的要求

限额设计的前提是严格按照工程建设的程序办事。限额设计是将设计任务书的投资额作为初步设计的造价控制限额，将初步设计概算造价作为施工图设计的造价控制限额，以施工图预算造价作为施工图决策的主要依据。

为了实现限额设计的要求，在可行性研究阶段就要树立限额设计的观点，充分收集资料，提出各种方案，认真进行技术经济分析和论证，从中选出技术先进可行、经济合理的方案作为最优方案。同时，在投资决策阶段，也要提高投资估算的准确性，并以批准的可行性报告和下达的设计任务书中的投资估算额作为控制设计概算的限额。

在满足功能及安全的前提下，要充分重视、认真对待每一个设计环节及每项专业设计，使设计符合国家的有关规定、设计规范和标准。

建立设计单位的经济责任制度。设计单位要进行全员的经济控制，必须在分解目标的基础上，科学地确定造价限额，责任落实到人，建立设计质量保证体系，把造价控制作为设计质量控制的重要内容之一。另外，设计单位及监理单位必须做好设计审查工作，既要审技术，又要审造价，把审查工作作为造价动态控制的一项重要措施。

四、限额设计的完善

1. 限额设计的不足

目前，限额设计主要存在的问题有以下几方面：

(1)限额设计的本质特征是投资控制的主动性，因而推行限额设计时，重要的一环是在初步设计和施工图设计前就对各工程项目、各单位工程、各分部工程进行合理的投资分配，以控制设计，体现其投资控制的主动性。如果在设计完成后才发现概算或预算超过了限额，再进行变更设计使之满足原限额要求，则会使投资控制处于被动地位，同时，也会降低设计的合理性。所以，在本质上，限额设计的理论及应用，在实际设计工作中有待于进一步完善及发展。

(2)限额设计的另一特征是强调了设计限额的重要性，从而容易忽视工程项目的功能水平要求，以及功能与成本的性价比，可能会出现功能水平过低而增加工程运营维护成本的情况，或者在投资限额内没有达到最佳功能水平的现象。同时，也有可能限制了设计人员在这两方面的创造性，一些新颖别致的设计由于受限额控制不能得以实现。所以，在限额的同时，如何提高设计人员的创造性以及限额的可变性与优化设计之间的关系，也是限额设计需要进一步完善的。

(3)限额设计中的限额有投资估算、设计概算、施工图预算，这都是指项目建设预计要发生的一次性投资费用，而对项目全寿命周期发生的其他费用并没有作限额。

2. 限额设计的完善与发展

(1)正确理解限额设计的含义。限额设计的本质特征虽然是投资控制的主动性，但是另一方面限额设计同样包括对建设项目的全寿命费用的充分考虑。

(2)合理确定和正确理解设计限额。要合理确定设计限额，就必须在各设计阶段运用价值工程的原理进行设计，尤其在限额设计目标值确定之前的可行性研究及方案设计时，加强价值工程活动分析，认真选择工程造价与功能的最佳匹配设计方案。这也是限额设计要求加深可行性研究深度及提高投资估算的合理性及准确性的理由所在。当然，任何限额也不是绝对不变的。

(3)合理分解及使用投资限额。现行的限额设计的投资限额通常是以可行性研究的投资估算为最高限额的，并按直接工程费的90%下达分解，留下10%作为调节使用，因此，提高投资估算的科学性也就非常必要。同时，为了克服投资限额的不足，也可以根据项目具体情况适当增加调节使用比例，以保证设计者的创造性及设计方案的实现，也为可能的设计变更提供前提，从而更好地解决限额设计不足的一面。

第三节 设计概算的编制与审查

一、设计概算的基本概念

1. 设计概算的含义

建设项目设计概算是初步设计文件的重要组成部分，是在投资估算的控制下由设计单位根据初步设计或扩大初步设计的图纸及说明，利用国家或地区颁发的概算指标、概算定额或综合指标预算定额、设备材料预算价格等资料，按照设计要求，概略地计算建筑物或构筑物造价的文件。其特点是编制工作较为简单，在精度上没有施工图预算准确。采用两阶段设计的建设项目，初步设计阶段必须编制设计概算；采用三阶段设计的，扩大初步设计阶段必须编制修正概算。设计概算额度控制、审批、调整应遵循国家、各级地方政府或行业有关规定。如果设计概算值超过控制额，以致于因概算投资额度变化影响项目的经济效益，使经济效益达不到预定收益目标值时，必须修改设计或重新立项审批。

2. 设计概算的作用

(1)设计概算是编制建设项目投资计划、确定和控制建设项目投资的依据。国家规定，编制年度固定资产投资计划，确定计划投资总额及其构成数额，要以批准的初步设计概算为依据,没有批准的初步设计文件及其概算,建设工程就不能列入年度固定资产投资计划。

(2)设计概算是签订建设工程合同和贷款合同的依据。在国家颁布的合同法中明确规定,建设工程合同价款是以设计概、预算价为依据,且总承包合同不得超过设计总概算的投资额。银行贷款或各单项工程的拨款累计总额不能超过设计概算,如果项目投资计划所列支投资额与贷款突破设计概算时,必须查明原因,之后由建设单位报请上级主管部门调整或追加设计概算总投资,未批准之前,银行对其超支部分拒不拨付。

(3)设计概算是控制施工图设计和施工图预算的依据。设计单位必须按照批准的初步设计和总概算进行施工图设计,施工图预算不得突破设计概算,如确需突破总概算时,应按规定程序报批。

(4)设计概算是衡量设计方案技术经济合理性和选择最佳设计方案的依据。设计部门在初步设计阶段要选择最佳设计方案,设计概算是从经济角度衡量设计方案经济合理性的重要依据。因此,设计概算是衡量设计方案技术经济合理性和选择最佳设计方案的依据。

(5)设计概算是考核建设项目投资效果的依据。通过设计概算与竣工决算对比,可以分析和考核投资效果的好坏,同时还可以验证设计概算的准确性,有利于加强设计概算管理和建设项目的造价管理工作。

3. 设计概算的内容

设计概算可分单位工程概算、单项工程综合概算和建设项目总概算三级。各级概算之间的相互关系如图 6-2 所示。

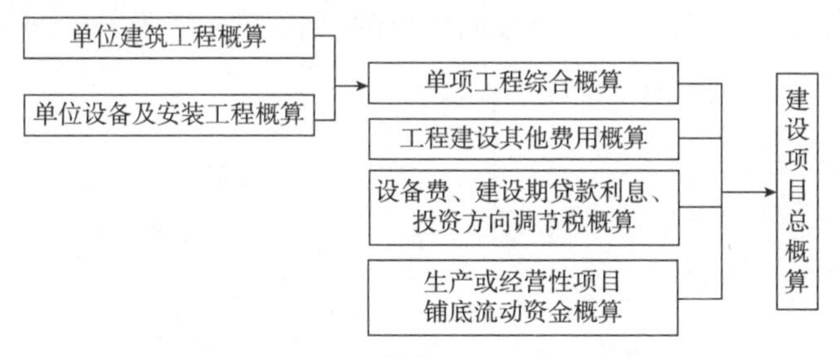

图 6-2　设计概算的三级概算关系图

(1)单位工程概算是确定各单位工程建设费用的文件,是编制单项工程综合概算的依据,是单项工程综合概算的组成部分。单位工程概算按其工程性质分为建筑工程概算和设备及安装工程概算两大类。建筑工程概算包括土建工程概算,给水排水、采暖工程概算,通风、空调工程概算,电气照明工程概算,弱电工程概算,特殊构筑物工程概算等;设备及安装工程概算包括机械设备及安装工程概算，电气设备及安装工程概算，热力设备及安装工程概算，工具器具及生产家具购置费概算等。

(2)单项工程概算是确定一个单项工程所需建设费用的文件，是由单项工程中的各单位工程概算汇总编制而成的，是建设项目总概算的组成部分。单项工程综合概算的组成内容如图 6-3 所示。

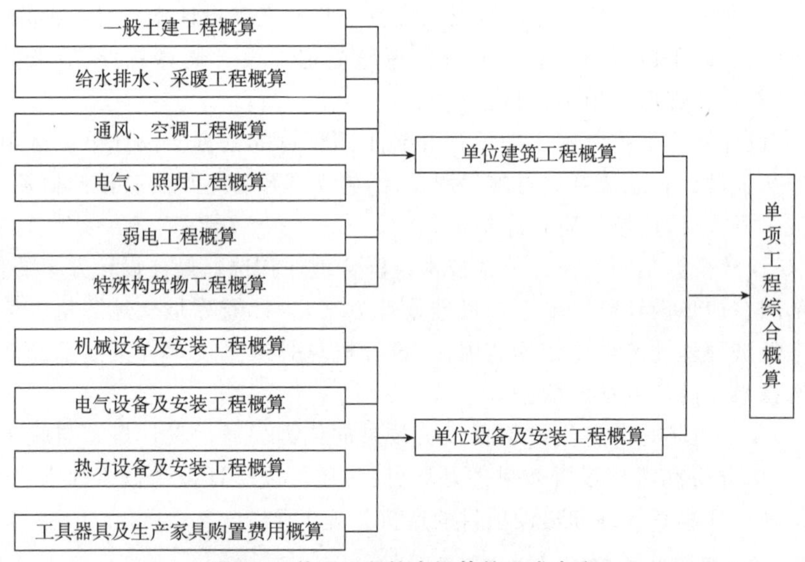

图 6-3　单项工程综合概算的组成内容

(3)建设项目总概算是确定整个建设项目从筹建到竣工验收所需全部费用的文件，是由各单项工程综合概算、工程建设其他费用概算、预备费、建设期贷款利息和投资方向调节税概算汇总编制而成的，如图 6-4 所示。

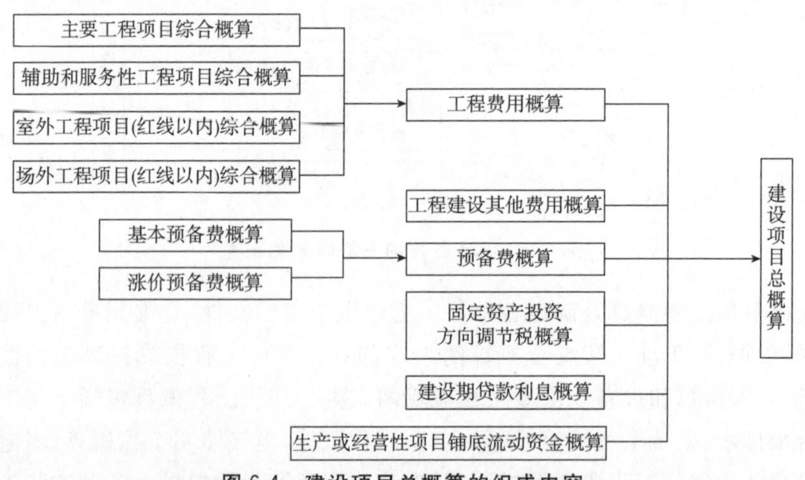

图 6-4　建设项目总概算的组成内容

若干个单位工程概算汇总后成为单项工程概算，若干个单项工程概算和其他工程费用、预备费、建设期利息等概算文件汇总成为建设项目总概算。单项工程概算和建设项目总概算仅是一种归纳、汇总性文件，因此，最基本的计算文件是单位工程概算书。建设项目若为一个独立单项工程，则建设项目总概算书与单项工程综合概算书可合并编制。

二、设计概算的编制原则和依据

1. 设计概算的编制原则

(1)严格执行国家的建设方针和经济政策的原则。

(2)要完整、准确地反映设计内容的原则。

(3)要坚持结合建设工程的实际，反映工程所在地当时价格水平的原则。

2. 设计概算的编制依据

(1)国家有关建设和造价管理的法律、法规和方针政策。

(2)批准的建设项目的设计任务书(或批准的可行性研究文件)和主管部门的有关规定。

(3)初步设计项目一览表。

(4)能满足编制设计概算的各专业的设计图纸、文字说明和主要设备表，其中包括：

1)土建工程中建筑专业提交建筑平、立、剖面图和初步设计文字说明(应说明或注明装修标准、门窗尺寸)；结构专业提交结构平面布置图、构件截面尺寸、特殊构件配筋率。

2)给水排水、电气、采暖通风、空气调节、动力等专业的平面布置图或文字说明和主要设备表。

3)室外工程有关各专业提交平面布置图；总图专业提交建设场地的地形图和场地设计标高及道路、排水沟、挡土墙、围墙等构筑物的断面尺寸。

(5)当地和主管部门的现行建筑工程和专业安装工程的概算定额(或预算定额)、综合预算定额，单位估价表、材料及构配件预算价格、工程费用定额和有关费用规定的文件等资料。

(6)现行的有关设备原价及运杂费率。

(7)现行的有关其他费用定额、指标和价格。

(8)建设场地的自然条件和施工条件。

(9)类似工程的概、预算及技术经济指标。

(10)资金筹措方式。

(11)正常的施工组织设计。

(12)建设单位提供的有关工程造价的其他资料。

三、设计概算的编制

1. 单位工程概算的编制

(1)建筑工程的概算编制方法包括概算定额法、概算指标法、类似工程预算法等方法。

1)概算定额法,又称扩大单价法,这是一种比较详细的概算编制方法。概算定额法是根据初步设计图纸或扩大初步设计图纸和概算定额的项目划分计算出工程量,然后套用概算定额单价,计算汇总后再计取其他费用,便可得出单位工程概算的一种编制方法。当建设工程的初步设计达到一定的深度、建筑结构比较明确时,应采用这种概算方法。这种方法编制出的概算精度较高,但是编制工作量大,需要大量的人力和物力。

概算定额法编制设计概算的步骤:

①列出单位工程中分部工程或扩大分项工程的项目名称,并计算其工程量;

②确定各分部分项工程项目的概算定额单价;

③计算分部分项工程的直接工程费,合计得到单位工程直接工程费总和;

④按照有关规定标准计算措施费,合计得到单位工程直接费;

⑤按照一定的取费标准和计算基础计算间接费和利税;

⑥计算单位工程概算造价;

⑦计算单位建筑工程经济技术指标。

2)概算指标法。当初步设计深度不够,不能较准确地计算工程量,但工程采用的技术比较成熟且有类似概算指标可以利用时,可采用概算指标来编制工程概算。

概算指标是一种采用建筑面积、建筑体积或万元等为单位,以整幢建筑物为依据而编制的指标。概算指标的数据均来自各种已建建筑物的预算或决算资料,即用已建建筑物的建筑面积(或体积)或每万元除以所需的各种人工、材料而得出。

概算指标是按整幢建筑物单位建筑面积或单位建筑体积表示的价值或工料消耗量,它比概算定额更扩大、更综合。所以,按概算指标编制设计概算也就更简化,但是概算的精度要差些。

在初步设计的工程内容与概算指标规定内容有局部差异时,必须先对原概算指标进行修正,然后用修正后的概算指标编制概算。修正的方法是,从原指标的单位造价中减去应换出的设计中不含的结构构件单价,加入应换入的设计中包含而原指标中不含的结构构件单价,就得到修正后的单位造价指标。概算指标修正公式如下：

单位建筑面积造价修正概算指标＝原造价概算指标单价－换出结构构件的数量×单价＋换入结构构件的数量×单价

3)类似工程预算法。当工程设计对象与已建或在建工程相类似，结构特征基本相同，或者概算定额和概算指标不全时，就可以采用这种方法编制单位工程概算。

类似工程预算法就是以原有的相似工程的预算为基础，按编制概算指标的方法，求出单位工程的概算指标，再按概算指标法编制建筑工程概算。

利用类似工程预算法应考虑到设计对象与类似工程的设计在结构与建筑上的差异、材料预算价格的差异、地区工资的差异、间接费用的差异和施工机械使用费的差异等。其中结构设计与建筑设计的差异可参考修正概算指标的方法加以修正，其他的差异则需编制修正系数。

计算修正系数时，先求类似工程预算的人工工资、材料费、机械使用费、间接费在全部价值中所占比重，然后分别求其修正系数，最后求出总的修正系数。用总修正系数乘以类似预算的价值，就可以得到概算价值，计算公式如下：

$$\text{工资修正系数 } K_1=\frac{\text{建设工程地区人工工资标准}}{\text{类似工程所在地区人工工资标准}}$$

$$\text{材料预算价格修正系数 } K_2=\frac{\sum(\text{类似工程各主要材料消耗量}\times\text{建设工程地区材料预算价格})}{\text{类似工程主要材料费用}}$$

$$\text{机械使用费修正系数 } K_3=\frac{\sum(\text{类似工程各主要材料消耗量}\times\text{建设工程地区材料预算价格})}{\text{类似工程主要材料费用}}$$

$$\text{间接费修正系数 } K_4=\frac{\text{建设工程地区间接费费率}}{\text{类似工程所在地区间接费费率}}$$

$$\text{总造价修正系数 } K=(\text{人工工资比重}+\text{间接费比重})\times K_4$$

当设计对象与类似工程的结构构件有部分不同时，就应增减工程量价值，然后再求出修正后的总造价。计算公式如下：

工程概算总造价＝建设工程的建筑面积×类似工程预算单方造价×总造价修正系数 K±结构增减值×(1＋修正后的间接费费率)

(2)设备及安装工程概算的编制。

1)设备购置费概算：设备购置费由设备原价和运杂费两项组成。

国产标准设备原价可根据设备型号、规格、性能、材质、数量及附带的配件，向制造厂家询价或向设备、材料信息部门查询，或者按主管部委规定的现行价格逐项计算。非主要标准设备和工器具、生产家具的原价可按主要标准设备原价的百分比计算，百分比指标按主管部门或地区有关规定执行。

国产非标准设备原价在设计概算时可按下列两种方法确定：

①非标准设备台(件)估价指标法。根据非标准设备的类别、质量、性能、材质等情况，以每台设备规定的估价指标计算，即：

非标准设备原价＝设备台班×每台设备估价指标(元/台)

②非标准设备吨重估价指标法。根据非标准设备的类别、性能、质量、材质等情况，以某类设备所规定吨重估价指标计算，即

非标准设备原价＝设备吨重×每台设备估价指标(元/t)

设备运杂费按有关规定的运杂费率计算，即

设备运杂费＝设备台班×运杂费费率(%)

2)设备安装工程概算造价的编制方法有：

①预算单价法。当初步设计较深、有详细的设备清单时，可直接按安装工程预算定额单价编制设备安装工程概算。

②扩大单价法。当初步设计深度不够、设备清单不完备、只有主体设备或仅有成套设备重量时，可采用主体设备、成套设备的综合扩大安装单价来编制概算。

③设备价值百分比法(安装设备百分比法)。当初步设计深度不够，只有设备出厂价而无详细规格、重量时，安装费可按占设备费的百分比计算。其百分比值(安装费率)由主管部门制定或由设计单位根据已完类似工程确定。该法常用于价格波动不大的定型产品和通用设备产品，计算式为：

设备安装费＝设备原价×安装费费率(%)

④综合吨位指标法。当初步设计提供的设备清单有规格和设备重量时，可采用综合吨位指标编制概算，其综合吨位指标由主管部门或由设计院根据已完类似工程资料确定。该法常用于设备价格波动较大的非标准设备和引进设备的安装工程概算，计算式为：

设备安装费＝设备吨重×每吨设备安装费指标(元/t)

2. 单项工程综合概算的编制

单项工程综合概算是以其对应的建筑工程概算表和设备安装概算表为基础汇总编制而成的。当建设项目只有一个单项工程时，单项工程综合概算(实为总概算)还应包括工程建设其他费用、建设期贷款利息、预备费和固定资产投资方向调节税的概算。

单项工程综合概算一般要包括编制说明和综合概算表两部分内容。

(1)编制说明文件的主要内容包括：

1)编制依据；

2)编制方法；

3)主要材料和设备的数量；

4)其他有关问题。

(2)综合概算表是根据单项工程内的各个单位工程概算等基础资料，按照统一规定的表格进行编制的。主要内容包括：

1)土建工程概算造价；

2)采暖、通风、空调工程概算造价；

3)给水排水工程概算造价；

4)电气工程概算造价；

5)其他专业工程概算造价；

6)技术经济指标。

3. 建设项目总概算的编制

(1)建设项目总概算的内容。总概算书一般主要包括编制说明和总概算表，有的还列出单项工程综合概算表等。

1)编制说明：

①工程概况。说明建设项目的建设规模、品种及厂外工程的主要情况等。

②编制依据。说明设计文件依据、概算指标、概算定额、材料价格及各种费用标准等。

③编制方法。说明编制概算是采用概算定额还是采用概算指标。

④投资分析。主要分析各项投资的比例，并与类似工程比较，分析投资高低的原因，说明该设计是否经济合理。

⑤主要材料和设备数量。

⑥其他有关问题。

2)总概算表应反映静态投资和动态投资两个部分内容。静态投资是按设计概算编制期价格、费率、利率、汇率等确定的投资；动态投资是指概算编制期到竣工验收前的工程和价格变化等多种因素所需的投资。

3)工程建设其他费用概算表。工程建设其他费用概算按国家或地区部委所规定的项目和标准确定，并按统一表格编制。

4)单项工程综合概算表和建筑安装单位工程概算表。

5)工程量计算表和工、料数量汇总表。

6)分年度投资汇总表和分年度资金流量汇总表。

(2)建设项目总概算的编制过程：

1)填列总概算造价表。表头填写建设项目名称、总概算价值。表内各栏按照统一制定表式的内容和要求，按工程费用项目和工程建设其他费用性质归类汇列填入建筑工程费、安装工程费、设备购置费、工器具及生产家具购置及其他费用各栏，并计算出各栏合计。

2)在汇总好各种概算文件后，按费用定额（取费标准）计算预备费用。

3)汇总出建设项目总概算价值，计算回收金额。

4)计算各项技术经济指标。整个建设工程的技术经济指标，应选择建设工程中最有代表性和最能说明投资效果的指标计划，以便于其他建设项目进行比较，说明设计的技术经济合理性。

5)投资分析。在编制总概算造价时，为了对基本建设投资进行分析，应在总概算造价表中计算出各项工程费用投资占总投资的比例，在表的末尾计算出每项费用的投资占总投资的比例。

6)编制总概算造价说明。将总概算造价表封面、总概算造价编制说明、总概算造价表等按顺序汇编成册，构成建设项目总概算造价的文件。

四、建设项目设计概算的审查

1. 审查设计概算的意义

（1）审查设计概算有利于合理分配投资资金，加强投资计划管理，有助于合理确定和有效控制工程造价。设计概算编制偏高或偏低，不仅影响工程造价的控制，也会影响投资计划的真实性，影响投资资金的合理分配。

（2）审查设计概算有利于促进概算编制单位严格执行国家有关概算的编制规定和费用标准，从而提高概算的编制质量。

（3）审查设计概算有利于促进设计的技术先进性与经济合理性。概算中的技术经济指标，是概算的综合反映，与同类工程对比，便可看出它的先进与合理程度。

（4）审查设计概算有利于核定建设项目的投资规模，可以使建设项目总投资力求做到准确、完整，防止任意扩大投资规模或出现漏项，从而减少投资缺口，缩小概算与预算之间的差距，避免故意压低概算投资，搞“钓鱼”项目，最后导致实际造价大幅度地突破概算。

（5）审查设计概算有利于为建设项目投资的落实提供可靠的依据。打足投资，不留缺口，有助于提高建设项目的投资效益。

2. 设计概算的审查内容

（1）审查设计概算的编制依据，审查的内容为：

1)审查编制依据的合法性。采用的各种编制依据必须经过国家和授权机关的批准，符合国家有关的设计概算编制规定，未经批准的不能采用。不能强调情况特殊，擅自提高概算定额、指标或费用标准。

2)审查编制依据的时效性。各种依据,如定额、指标、价格、取费标准等,都应根据国家有关部门的现行规定进行,注意有无调整或新的规定,如有调整或新的规定,应按新的调整规定执行。

3)审查编制依据的适用范围。各种编制依据都有规定的适用范围,如各主管部门规定的各种专业定额及其取费标准,只适用于该部门的专业工程;各地区规定的各种定额及其取费标准,只适用于该地区范围内,特别是地区的材料预算价格区域性更强,如某市有该市区的材料预算价格,又编制了郊区内一个矿区的材料预算价格,在编制该矿区某工程概算时,应采用该矿区的材料预算价格。

(2)审查概算的编制深度:

1)审查编制说明。审查编制说明可以检查概算的编制方法、深度和编制依据等重大原则问题,若编制说明有差错,具体概算必有差错。

2)审查概算编制深度。一般大中型项目的设计概算,应有完整的编制说明和"三级概算"(即总概算表、单项工程综合概算表、单位工程概算表),并按有关规定的深度进行编制。审查是否有符合规定的"三级概算",各级概算的编制、核对、审核是否按规定签署,有无随意简化,有无把"三级概算"简化为"二级概算"。

3)审查概算的编制范围。审查概算编制范围及具体内容是否与主管部门批准的建设项目范围及具体工程内容一致;审查分期建设项目的建筑范围及具体工程内容有无重复交叉,是否重复计算或漏算;审查其他费用应列的项目是否符合规定,静态投资、动态投资和经营性项目铺底流动资金是否分别列出等。

(3)审查工程概算的内容:概算的编制是否符合党的方针、政策,是否根据工程所在地的自然条件编制;建设规模、建设标准、配套工程、设计定员等是否符合原批准的可行性研究报告或立项批文的标准;编制方法、计价依据和程序是否符合现行规定;工程量是否正确;材料用量和价格;设备规格、数量和配置是否符合设计要求;建筑安装工程各项费用的计取是否符合国家或地方有关部门的现行规定,计算程序和取费标准是否正确;综合概算、总概算的编制内容、方法是否符合现行规定和设计文件的要求;审查工程建设其他各项费用;审查项目的"三废"治理;审查技术经济指标;审查投资经济效果。

3. 审查设计概算的方法

(1)对比分析法。对比分析法主要是通过建设规模、标准与立项批文对比,工程数量与设计图纸对比,综合范围、内容与编制方法、规定对比,各项取费与规定标准对比,材料、人工单价与统一信息对比,引进设备、技术投资与报价要求对比,发现设计概算存在的主要问题和偏差。

(2)查询核实法。查询核实法是对一些关键设备设施和重要装置的较大投资,在引进工程图纸不全、难以核算的情况下,进行多方查询核对,逐项落实的方法。

(3)联合会审法。联合会审前,可先采取多种形式分头审查,包括设计单位自审,主管、建设、承包单位初审,工程造价咨询公司评审,邀请同行专家预审,审批部门复审等,经层层审查把关后,由有关单位和专家进行联合会审。在会审大会上,由设计单位介绍概算编制情况及有关问题,各有关单位、专家汇报初审、预审意见。然后进行认真分析、讨论,结合对各专业技术方案的审查意见所产生的投资增减,逐一核实原概算出现的问题。经过充分协商,认真听取设计单位意见后,实事求是地处理和调整。

对审查中发现的问题和偏差,按照单位工程概算、综合概算、总概算的顺序,按设备费、安装费、建筑费和工程建设其他费用分类整理。然后按照静态投资、动态投资和铺底流动资金三大类,汇总核增或核减的项目及其投资额。最后将具体审核数据,按照"原编概算"、"增减投资"、"增减幅度"、"调整原因"四栏列表,并按照原总概算表汇总顺序,将增减项目逐一列出,相应调整所属项目投资合计,再依次汇总审核后的总投资及增减投资额。对于差错较多、问题较大或不能满足要求的,责成编制单位按审查意见修改后,重新报批。

第四节　施工图预算的编制

一、施工图预算的概念及内容

1. 施工图预算的概念

施工图预算是施工图设计预算的简称,又叫设计预算。它是由设计单位在施工图设计完成后,根据施工图设计图纸、施工组织设计、现行预算定额和工程量计算规则、费用定额以及地区人工、材料、机械台班等预算价格为依据,编制和确实的建筑安装工程造价文件。

2. 施工图预算的内容

施工图预算有单位工程预算、单项工程预算和建设项目总预算。单位工程预算是根据施工图设计文件、现行预算定额、费用定额以及人工、材料、设备、机械台班等预算价格资料,以一定方法编制单位工程的施工图预算;然后汇总所有各单位工程施工图预算,成为单项工程施工图预算,再汇总所有单项工程施工图预算,便是一个建设项目的总预算。

单位工程施工图预算包括建筑工程施工图预算和设备及其安装工程施工图预算两大类。建筑工程施工图预算按其工程性质分为一般土建工程预算、给水排水工程预算、电气照明工程预算、暖气工程预算、通风工程预算、工业管道工程预算、弱电工程预算、装饰工程预算、绿化工程预算、消防工程预算、特殊构筑物工程预算等。设备及其安装工程施工图预算可分为机械设备及安装工程预算、电气设备及安装工程预算等。

二、施工图预算的作用

施工图预算的主要作用:施工图预算是设计阶段控制工程造价的重要环节,是控制施工图设计不突破设计概算的重要措施;是编制或调整固定资产投资计划的依据;对于实行施工招标的工程,施工图预算是编制标底的依据,也是承包企业投标报价的基础;对于不宜实行招标而采用施工图预算加调整结算的工程,施工图预算可作为确定合同价款的基础或作为审查施工企业提出的施工图预算的依据。

三、施工图预算的编制依据

施工图预算的编制依据主要有以下几项:施工图及说明和标准图集;施工组织设计或施工方案;现行预算定额及单位估价表;人工、材料、机械台班预算价格及调价规定;工程量计算规则;建筑安装工程费用定额;预算员工作手册及有关工具书;工程承包合同或协议书。

四、施工图预算的编制方法

1. 单价法编制施工图预算

(1)单价法是指在编制建筑工程预算时,按照建筑工程预算定额所规定的工程量计算规则和编制依据,计算各分项工程的工程量,并乘以相应单价,汇总相加后,得出单位工程的人工费、材料费和施工机械费,即为直接工程费,再按规定计取措施费、间接费、利润和税金,最后汇总得出单位工程施工图预算的一种方法。

单价法编制施工图预算的计算公式为:

$$单位工程施工图预算直接工程费=\sum(工程量\times预算定额单价)$$

(2)单价法编制施工图预算的步骤可以用如图 6-5 所示形式表示。

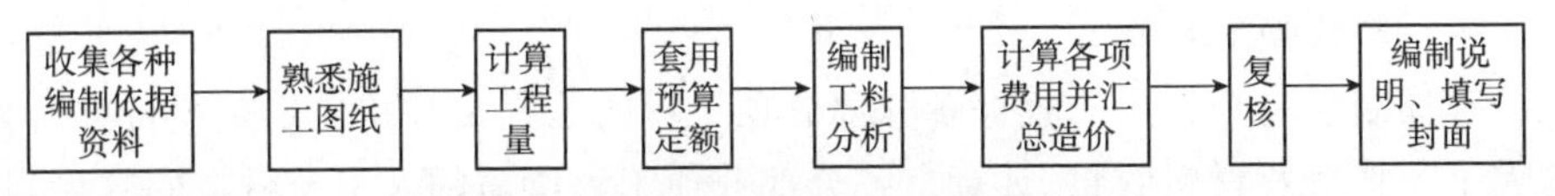

图 6-5 单价法编制施工图预算的步骤

具体步骤如下:

1)收集各种编制依据资料。各种编制依据资料包括施工图纸、施工组织设计或施工方案、现行建筑安装工程预算定额、费用定额、统一的工程量计算规则、预算工作手册和地区的人工、材料、机械台班预算价格及调价规定等。

2)熟悉现行预算定额。熟练地掌握预算定额或基础定额及其有关规定，熟悉预算定额的全部内容和项目划分，定额子目的工程内容、施工方法、材料规格、质量要求、计量单位、工程量计算方法，项目之间的相互关系以及调整、换算定额的规定条件和方法，以便正确地应用定额。

3)熟悉施工图。在熟悉施工图时，应将建筑施工图、结构施工图、其他工种施工图、相关的详图、所采用的标准图集、构造做法等相互结合起来，并对构造要求、构件连接、装饰要求等有一个全面认识，对设计图形成主要概念。若发现图纸上不合理或存在问题的地方，要及时通知设计者进行修改，避免返工。

4)了解和掌握施工现场情况及施工组织设计或施工方案等资料。对施工现场的施工条件、施工方法、技术组织措施、施工进度、施工机械及设备、材料供应等情况也应了解。同时，对现场的地貌、土质、水位、施工场地、自然地坪标高、土石方挖填运状况及施工方式、总平面布置等与施工图预算有关的资料有详细了解。

5)工程量计算。工程量计算应严格按照图纸尺寸和现行定额规定的工程量计算规则，遵循一定的科学程序逐项计算分项工程的工程量。在计算分项工程的工程量前，最好先按照定额中各分项子目的顺序列项，然后再计算。列项后，分项子目的名称应与定额完全一致。建筑面积计算，应该严格按国家建设部颁发的《建筑工程建筑面积计算规范》(GB/T 50353—2013)计算，先按设计图纸逐层计算，然后汇总算出全部建筑面积。

6)套用预算定额并计算直接工程费。当分部分项工程量计算完毕经检验无误后，就可按定额分项工程的排列顺序，套用定额单价计算出直接工程费。

①定额的套用。套用定额时，必须仔细核对工程内容、技术特征、施工方法及材料规格，并根据施工图及说明的做法选择正确的定额项目。

②定额换算。当分项工程的内容、材料规格、施工方法、强度等级等条件与定额项目不相符合时，应根据定额的说明要求，在规定的允许范围内加以调整及换算。通常容易涉及换算的内容主要有:混凝土强度等级换算、厚度换算、其他有关的材料代换等。

7)编制工料分析表。根据各分部分项工程的工程量和相应定额项目中所列的人工消耗量及材料数量，计算出各分部分项工程所需的人工及材料的数量，相加汇总便得出该单位工程所需要的各类人工和材料的数量。

8)计算其他各项应取费用并汇总造价。按照建筑安装单位工程造价构成的规定费用项目、费率及计费基础，分别计算出措施费、间接费、利润和税金，并汇总单位工程造价。

单位工程造价＝直接费(直接工程费＋措施费)＋间接费＋利润＋税金

9)编制说明及复核。对编制依据、施工方法、施工措施、材料价格、费用标准等主要情况加以说明，使有关人员在使用本预算时了解其编制前提，当情况发生变化时，可对预算造价作相应调整。最后，再对预算的“项”、“量”、“价”、“费”做全面复核。

10)装订及签章。把预算按照其组成内容的一定顺序装订成册，再填写封面内容，编制人员签字并加盖资格证章，经有关负责人审定后签字，再加盖公章。至此，施工图预算书才有效编制完成。

2. 实物法编制施工图预算

(1)实物法编制施工图预算的计算式为：

直接工程费＝∑(分项工程量×人工定额用量×当时当地人工单价)＋
∑(分项工程量×材料定额用量×当时当地材料单价)＋
∑(分项工程量×机械台班定额用量×当时当地机械台班单价)

实物法把“量”、“价”分开，计算出量后，套用相应预算定额中的人工、材料、机械台班的消耗量，用这些实物量去乘以该地区当时的人工、材料、机械台班的实际单价。它能够比较真实地反映工程产品的实际价格。

(2)实物法的编制步骤：

1)收集、熟悉施工图纸及施工组织设计等资料。

2)计算并整理工程量。

3)计算单位工程所需的人工、材料、机械消耗量。

4)计算并汇总直接工程费。

5)计算其他各项费用，汇总造价。

6)复核。

7)编制说明、填写封面。

五、施工图预算的审查

1. 审查施工图预算的意义

(1)有利于控制工程造价，有利于加强固定资产投资管理，节约建设资金。

(2)有利于施工承包合同价的合理确定和控制。

(3)有利于积累和分析各项技术经济指标，不断提高设计水平。

2. 审查施工图预算的内容

审查施工图预算的重点，应该放在工程量计算、预算单价套用、设备材料预算价格取定是否正确，各项费用标准是否符合现行规定等方面。

3. 审查施工图预算的方法

审查施工图预算的方法较多，主要有全面审查法、标准预算审查法、分组计算审查法、筛选审查法、重点抽查法、对比审查法等。

4. 审查施工图预算的步骤

(1)做好审查前的准备工作：熟悉施工图纸；了解预算包括的范围；认真研究施工承包合同。

(2)选择合适的审查方法，按相应内容审查。由于工程规模、繁简程度不同，施工方法和施工企业情况不一样，所编工程预算的质量也不同，需选择适当的审查方法进行审查。

(3)调整预算。综合整理审查资料，并与编制单位交换意见，定案后编制调整预算审查后，需要进行增加或核减的，经与编制单位协商，统一意见后，进行相应的修正。

第七章　建设工程施工招标投标与合同价款的确定

第一节　建设工程招标投标概述

一、建设工程招标投标的概念与方式

1. 建设工程招标投标的概念

建设工程招标一般是建设单位（或业主）就建设的工程发布公告，用法定形式吸引建设项目的承包单位参加竞争，进而通过法定程序从中选择条件优越者来完成工程建设任务的法律行为。建设工程投标一般是经过特定审查而获得投标资格的建设项目承包单位，响应招标人的要求参加投标竞争，并按照招标文件的要求，在规定的时间内向招标人填报投标书并争取中标的法律行为。

2. 建设工程招标投标的方式

招标分为公开招标和邀请招标。

(1)公开招标：是指招标人在指定的报刊、电子网络或其他媒体上发布招标公告，吸引众多的投标人参加投标竞争，招标人从中择优选择中标单位的招标方式。因为公开招标是一种无限制的竞争方式，所以它可以保证招标人有较大的选择范围，有助于打破垄断，实行公平竞争。

(2)邀请招标，也称选择性招标或有限竞争投标，是指招标人以投标邀请书的方式邀请特定的法人或者其他组织投标，选择一定数目的法人或其他组织（不少于 3 家）参加投标的方式。邀请招标不但能相对缩短招标时间，减少招标费用，而且能保证进度和质量的要求。

《招标投标法》规定，国家重点项目和省、自治区、直辖市的地方重点项目不宜进行公开招标的，经过批准后可以进行邀请招标。

二、建设工程招标投标的范围

(1)《招标投标法》规定必须招标的范围：大型基础设施、公用事业等关系社会公共利益、公众安全的项目；全部或者部分使用国有资金或者国家融资的项

目；使用国际组织或者外国政府贷款、援助资金的项目。

(2)可以不进行招标的范围：涉及国家安全、国家秘密的工程；抢险救灾工程；利用扶贫资金实行以工代赈、需要使用农民工等特殊情况；建筑造型有特殊要求的设计；采用特定专利技术、专有技术进行设计或施工；停建或者缓建后恢复建设的单位工程，且承包人未发生变更的；施工企业自建自用的工程，且施工企业资质等级符合工程要求的；在建工程追加的附属小型工程或者主体加层工程，且承包人未发生变更的；法律、法规、规章规定的其他情形等经县级以上地方人民政府建设行政主管部门批准，可以不进行招标。

三、建设工程招标投标的意义及特点

1. 建设项目招标投标的意义

实行建设项目的招标投标是我国建筑市场趋向法制化、规范化、完善化的重要举措，对于择优选择承包单位，全面降低工程造价，进而使工程造价得到合理有效的控制，具有十分重要的意义，具体表现在以下几方面。

(1)实行建设项目的招标投标基本形成了由市场定价的价格机制，使工程价格更加趋于合理。

(2)实行建设项目的招标投标能够不断降低社会平均劳动消耗水平，使工程价格得到有效控制。

(3)实行建设项目的招标投标便于供求双方更好地相互选择，使工程价格更加符合价值基础，进而更好地控制工程造价。

(4)实行建设项目的招标投标有利于规范价格行为，使公开、公平、公正的原则得以贯彻。

(5)实行建设项目的招标投标能够减少交易费用，节省人力、物力、财力，进而使工程造价有所降低。

2. 建设项目招标投标的特点和要求

(1)严格的程序和规则。在招标投标活动中，从招标、评标、定标到签订合同，每个环节都有严格的程序、规则。当事人必须严格按既定的程序和条件进行招标投标活动，不得随意改变招标投标程序和条件。

(2)编制招标、投标文件。在招标投标活动中，招标人编制招标文件，投标人根据招标文件编制投标文件，招标人组织评标委员会对投标文件进行评审和比较，从中选出中标人。

(3)全方位开放，择优选择。招标人一般要在指定或选定的报刊或其他媒体刊登招标通告，邀请所有潜在的投标人参加投标；招标人必须为供应商或承包商提供带有对拟采购的货物、工程或服务做出详细说明的招标文件；招标人事先要向供应商或承包商充分透露评价和比较投标文件以及选定中标者的标准；在提交投标文件的最后截止日公开开标；严格禁止招标人与投标人就投标文件的实质性内容单独谈判。

(4)公平、公正、客观。招标投标全过程自始至终按照事先规定的程序和条件，本着公平竞争的原则进行。

(5)交易双方一次成交。投标者只能应邀进行一次性报价，并以此报价作为签订合同的基础。在投标人递交投标文件后到确定中标人之前，招标人不得与投标人就投标价格等实质性内容进行谈判，禁止双方面对面地讨价还价。

第二节　建设工程施工招标

一、招标文件

1. 招标文件的组成

招标文件包括：招标公告(或投标邀请书)；投标人须知；评标办法；合同条款及格式；工程量清单；图纸；技术标准和要求；投标文件格式；投标人须知前附表规定的其他材料。

2. 招标文件的澄清

(1)投标人应仔细阅读和检查招标文件的全部内容。如发现缺页或附件不全，应及时向招标人提出，以便补齐。如有疑问，应在投标人须知前附表规定的时间前以书面形式(包括信函、电报、传真等可以有形地表现所载内容的形式，下同)，要求招标人对招标文件予以澄清。

(2)招标文件的澄清将在投标人须知前附表规定的投标截止时间 15 天前以书面形式发给所有购买招标文件的投标人，但不指明澄清问题的来源。如果澄清发出的时间距投标截止时间不足 15 天，相应延长投标截止时间。

(3)投标人在收到澄清后，应在投标人须知前附表规定的时间内以书面形式通知招标人，确认已收到该澄清。

3. 招标文件的修改

(1)在投标截止时间 15 天前，招标人可以书面形式修改招标文件，并通知所有已购买招标文件的投标人。如果修改招标文件的时间距投标截止时间不足 15 天，相应延长投标截止时间。

(2)投标人收到修改内容后，应在投标人须知前附表规定的时间内以书面形式通知招标人，确认已收到该修改。

(3)在招标文件发布后,确需对招标文件进行修改的,招标人应在本项对应的前附表规定的时间内修改。如果在前附表规定的时间后对招标文件进行修改的,则应相应顺延投标截止时间,以保证投标人有合理的时间编制投标文件。

二、建设工程施工招标的程序

建设工程施工公开招标程序,如图 7-1 所示。

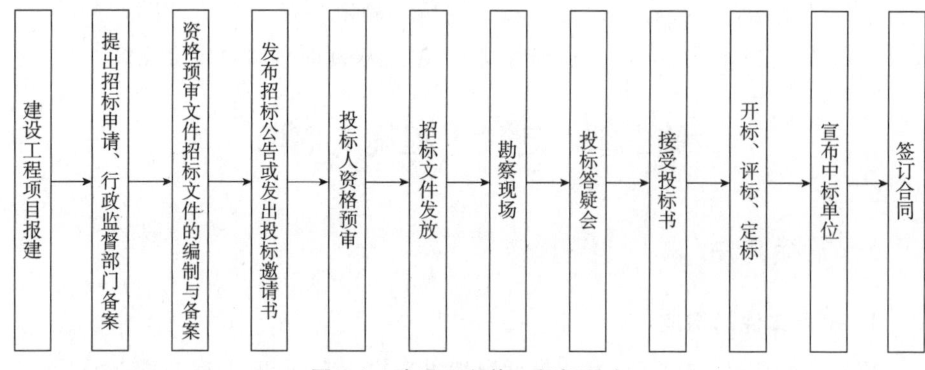

图 7-1 建设工程施工招标程序

其程序各个环节详细说明见《招标投标法》。

第三节 招标控制价

招标控制价是指由业主根据国家或省级、行业建设主管部门颁发的有关计价依据和办法按设计施工图纸计算的,对招标工程限定的最高工程造价。有的省、市又称为拦标价、最高限价、预算控制价、最高报价值。

一、招标控制价的编制原则

1. 招标控制价应具有权威性

从招标控制价的编制依据可以看出,编制招标控制价应按照《建设工程工程量清单计价规范》以及国家或省级、国务院部委有关建设主管部门发布的计价定额和计价方法根据设计图纸及有关计价规定等进行编制。

2. 招标控制价应具有完整性

招标控制价应由分部分项工程费、措施项目费、其他项目费、规费、税金以及一定范围内的风险费用组成。

3. 招标控制价与招标文件的一致性

招标控制价的内容、编制依据应该与招标文件的规定相一致。

4. 招标控制价的合理性

招标控制价格作为业主进行工程造价控制的最高限价，应力求与建筑市场的实际情况相吻合，要有利于竞争和保证工程质量。

5. 一个工程只能编制一个招标控制价

这一原则体现了招标控制价的唯一性原则，也同时体现了招标中的公正性原则。

二、招标控制价的编制依据

招标控制价应根据下列依据编制：工程造价管理机构发布的工程造价信息，工程造价信息没有发布的参照市场价；国家或省级、国务院有关部门建设主管部门颁发的计价定额和计价办法；《建设工程工程量清单计价规范》；建设工程设计文件及相关资料；与建设项目相关的标准、规范、技术资料；招标文件中的工程量清单及有关要求；其他的相关资料，主要指施工现场情况、工程特点及常规施工方案等。

三、招标控制价的编制方法

招标控制价的编制方法与招标文件的内容要求有关。如果采用以往的施工图预算模式招标，则招标控制价也应该按照施工图预算的计算方法来编制。如果采用工程量清单模式招标，则招标控制价的编制就应该按照工程量清单报价的方法来编制。

1. 分部分项工程费计价

分部分项工程费计价，是招标控制价编制的主要内容和工作。其实质就是综合单价的组价问题。

在编制分部分项工程量清单计价表时，项目编码、项目名称、项目特征、计量单位、工程数量，应该与招标文件中的分部分项工程量清单的内容完全一致，特别是不得增加项目、不得减少项目、不得改变工程数量的大小。应该认真填写每一项的综合单价，然后计算出每一项的合价，最后得出分部分项工程量清单的合计金额。

根据《建设工程工程量清单计价规范》的规定，综合单价是指完成一个规定计量单位的分部分项工程量清单项目或措施项目所需的人工费、材料费、施工机械使用费、管理费和利润，以及一定范围内风险费用。其中风险费用的内容和考虑幅度应该与招标文件的相应要求一致。

综合单价组价时，应该根据与组价有关的施工方案或施工组织设计、工程量清单的项目特征描述，结合依据的定额子目的有关工作内容进行。

目前，由于我国各省、自治区、直辖市实施的《建设工程工程量清单计价规范》配套编制的预算定额（或称消耗量定额）的表现形式不同，组价的方法也有所不同。

此外，由于《建设工程工程量清单计价规范》规定的计量单位及工程量计算规则与预算定额的规定在一些工程项目上不同，组价时也需要经过换算。

(1)不同定额表现形式的组价方法

1)用综合单价(基价)表现形式的组价。用综合单价(基价)形式编制定额，提供了组合清单项目综合单价的极好平台。因而，工程量清单项目可直接对应定额项目，此时，只需对材料单价发生了变化的材料价格进行调整，对人工、机械等费用发生变化的进行调整，即可组成新的工程量清单项目综合单价。

2)用消耗量定额和价目表表现形式的组价。工程量清单项目对应定额项目后，还须对人工、材料、机械台班消耗量用价目表组价，与价目表标注价格不一致时，进行调整，组成工料机的单价，企业管理费和利润还须另外计算，也可计入综合单价中，也可计入总价中。

(2)《建设工程工程量清单计价规范》规定的与定额计价法规定的计量单位及工程量计算规则不同时的组价方法

由于《建设工程工程量清单计价规范》对项目的设置是对实体工程项目划分，其规定的计量单位、工程量计算规则包含内容比较全面，而预算定额(消耗量定额)对项目的划分往往比较单一，有的项目按《建设工程工程量清单计价规范》包含的内容也无法编制，造成《建设工程工程量清单计价规范》的规定与定额计价法在计量单位、工程量计算规则上的不完全一致。例如，门、窗工程，《建设工程工程量清单计价规范》规定的计量单位为“樘”时，计算规则为“按设计图示数量计算”，在工程量清单中对工程内容的描述可能包括门窗制作、运输、安装，五金、玻璃安装，刷防护材料、油漆等。如果按《建设工程工程量清单计价规范》的规定来编制预算定额(消耗量定额)，其项目划分将因为门窗的规格大小、使用的材质，五金的种类，玻璃的种类、厚度，防护材料、油漆的种类、刷漆遍数等不同的组合，不知要列多少项目。因此，预算定额(消耗量定额)一般将门窗的制作安装、玻璃安装、油漆分别列项，计量单位用“平方米”计量，以满足门窗工程的需要。相应的，用此组成工程量清单项目的综合单价就需要进行一些换算。

2. 措施项目费计价

对于措施项目清单内的项目，编制人可以根据编制的具体施工方案或施工组织设计，认为不发生者费用可以填为零，认为需要增加者可以自行增加。例如：措施项目清单中的大型机械设备进出场及安拆费，如果正常的施工组织设计中没有使用大型机械，则金额应该填为零；反过来说，如果正常的施工组织设计中使用了某种大型机械，而措施项目清单中没有列出大型机械设备进出场及安拆费项目，则可以在编制时自行增加。措施项目中的安全文明施工费按照《建设工程工程量清单计价规范》的要求，应按照国家或省级、行业建设主管部门规定的标准计取。

措施项目组价的方法一般有两种：

(1)用综合单价形式的组价。这种组价方式主要用于混凝土、钢筋混凝土模板及支架、脚手架、施工排水、降水等，其组价方法与分部分项工程量清单项目相同。

(2)用费率形式的组价。这种组价方式主要用于措施费用的发生和金额的大小与使用时间、施工方法或者两个以上工序相关，与实际完成的实体工程量的多少关系不大的措施项目，如安全文明施工费，大型机械进出场及安拆费等，编制人应按照工程造价管理机构的规定计算。

3. 其他项目费组价

(1)暂列金额应按照有关计价规定，根据工程结构、工期等估算。

(2)暂估价中的材料单价应根据工程造价信息或参照市场价格估算并计入综合单价；暂估价中的专业工程金额应分不同专业，按有关计价规定估算。

(3)计日工应根据工程特点和有关计价依据计算。

(4)总承包服务费应根据招标文件列出的内容和要求按有关计价规定估算。

4. 规费与税金的计取

规费与税金应按国家或省级、国务院部委有关建设主管部门规定的费率计取。

5. 其他有关表格的填写

(1)填写分析表。编制人还应该按照《建设工程工程量清单计价规范》的有关要求，认真填写“分部分项工程量清单综合单价分析表”、“措施项目费分析表”、“主要材料价格表”等。

(2)填写单位工程费汇总表。编制人按照招标文件要求的格式，填写和计算“单位工程费汇总表”。填写和计算时应该注意，“分部分项工程量清单计价合计”、“措施项目清单计价合计”、“其他项目清单计价合计”、“规费”和“税金”的填写金额必须与前述的有关计价表的合计值相同。

(3)填写单项工程费汇总表。编制人按照招标文件要求的格式，填写和计算“单项工程费汇总表”。填写和计算时应该注意，每一个单位工程的费用金额必须与前述各单位工程费汇总表的合计金额相同。

(4)填写工程项目总价表。编制人按照招标文件要求的格式，填写和计算“工程项目总价表”。填写和计算时应该注意，每一个单项工程的费用金额必须与前述各单项工程费汇总表的合计金额相同。

(5)填写编制说明。编制说明中，主要包括的内容为编制依据和编制说明两部分。其中，编制说明主要说明编制中有关问题的考虑和处理。

(6)填写封面。

第四节　投标报价的编制

一、施工投标文件内容

投标人应当按照招标文件的要求编制投标文件。投标文件应当对招标文件提出的实质性要求和条件作出响应。投标文件的内容应包括：具有标价的工程量清单与报价表；辅助资料表；投标函；对招标文件中的合同协议条款内容的确认和响应；投标书附录；法定代表人资格证明书；投标保证金；授权委托书；资格审查表（资格预审的不采用）；招标文件规定提交的其他资料。

二、施工投标的准备

1. 研究招标文件

取得招标文件以后，首要的工作是仔细认真地研究招标文件，充分了解其内容和要求，并发现应提请招标单位予以澄清的疑点。研究招标文件要做好以下几方面工作：

（1）研究工程综合说明，借以获得对工程全貌的轮廓性了解。

（2）研究合同主要条款，明确中标后应承担的义务、责任及应享受的权利，重点是承包方式，开竣工时间及工期奖罚，材料供应及价款结算办法，预付款的支付和工程款结算办法，工程变更及停工、窝工损失处理办法等。

（3）熟悉并详细研究设计图纸和技术说明书，目的在于弄清工程的技术细节和具体要求，使制定施工方案和报价有确切的依据。

（4）熟悉投标单位须知，明确了解在投标过程中，投标单位应在什么时间做什么事和不允许做什么事，目的在于提高效率，避免造成废标。

2. 调查投标环境

投标环境就是投标工程的自然、经济和社会条件。

（1）施工现场条件，可通过踏勘现场和研究招标单位提供的地基勘探报告资料来了解。主要有：场地的地理位置，地上、地下有无障碍物，地基土质及其承载力，进出场通道，给排水、供电和通讯设施，材料堆放场地的最大容量，是否需要二次搬运，临时设施场地等。

（2）自然条件，主要是影响施工的风、雨、气温等因素。如风、雨季的起止期，常年最高、最低和平均气温以及地震烈度等。

（3）建材供应条件，包括砂石等地方材料的采购和运输，钢材、水泥、木材等材料的供应来源和价格，当地供应构配件的能力和价格，租赁建筑机械的可能性和价格等。

(4)专业分包的能力和分包条件。

(5)生活必需品的供应情况。

3. 制定施工方案

施工方案是投标报价的一个前提条件，也是招标单位评标要考虑的重要因素之一。施工方案主要应考虑施工方法、主要机械设备、施工进度、现场工人数目的平衡以及安全措施等，要求在技术和工期两方面对招标单位有吸引力，同时又有助于降低施工成本。

三、施工投标报价的编制

1. 投标报价的编制依据

投标报价应根据下列依据编制：

(1)《建设工程工程量清单计价规范》；

(2)市场价格信息或工程造价管理机构发布的工程造价信息；

(3)招标文件、工程量清单及其补充通知、答疑纪要；

(4)与建设项目相关的标准、规范等技术资料；

(5)企业定额，国家或省级、国务院有关部门建设主管部门颁发的计价定额；

(6)施工现场情况、工程特点及拟定的施工组织设计或施工方案；

(7)国家或省级、国务院有关部门建设主管部门颁发的计价办法；

(8)建设工程设计文件及相关资料；

(9)其他的相关资料。

2. 投标报价的编制方法

投标报价的编制方法与招标控制价的编制方法基本相同。

(1)分部分项工程量清单计价：

1)复核分部分项工程量清单的工程量和项目是否准确。

2)研究分部分项工程量清单中的项目特征描述。只有充分地了解了该项目的组成特征，才能够准确地进行综合单价的确定。

3)进行清单综合单价的计算。分部分项工程量清单综合单价计算的实质，就是综合单价的组价问题。

工程实践中，综合单价的组价方法主要有两种：

①依据定额计算。就是针对工程量清单中的一个项目描述的特征，按照有关定额的项目划分和工程量计算规则进行计算，得出该项目的综合单价。特别应该注意，按照定额计算的有关费用，应该和《建设工程工程量清单计价规范》要求的综合单价包括的内容完全一致。

②根据实际费用估算。就是针对工程量清单中的一个项目描述的特征，按照实际可能发生的费用项目进行有关费用估算并考虑风险费用，然后再除以清单工程量得出该项目的综合单价。特别应该注意，按照实际计算的有关费用，应该和《建设工程工程量清单计价规范》要求的综合单价包括的内容完全一致。

4)进行工程量清单综合单价的调整。根据投标策略进行综合单价的适当调整。值得注意的是，综合单价调整时，过度的降低综合单价可能会加大承包商亏损的风险；过度的提高综合单价可能会失去中标的机会。

5)编制分部分项工程量清单计价表。将调整后的综合单价填入分部分项工程量清单计价表，计算各个项目的合价和合计。特别提醒，在编制分部分项工程量清单计价表时，项目编码、项目名称、项目特征、计量单位、工程数量，必须与招标文件中的分部分项工程量清单的内容完全一致。

调整后的综合单价，必须与分部分项工程量清单综合单价分析表中的综合单价完全一致。

(2)措施项目工程量清单计价：投标人可以在报价时根据企业的实际情况增减措施费项目内容报价。承包商在措施项目工程量清单计价时，根据编制的施工方案或施工组织设计，对于措施项目工程量清单中认为不发生的，其费用可以填写为零；对于实际需要发生，而工程量清单项目中没有的，可以自行填写增加，并报价。

措施项目工程量清单计价表，以“项”为单位，填写相应的所需金额。

每一个措施项目的费用计算，应按招标文件的规定，相应采用综合单价或按每一项措施项目报总价。需要注意的是，对措施项目中的安全文明施工费，应按照《建设工程工程量清单计价规范》的要求，依据国家或省级、行业建设主管部门规定的标准计取，不参与竞争。

(3)其他项目工程量清单计价：

1)暂列金额应按招标人在其他项目清单中列出的金额填写，不得增加或减少。

2)材料暂估价应按招标人在其他项目清单中列出的单价计入综合单价；专业工程暂估价应按招标人在其他项目清单中列出的金额填写。

3)计日工按招标人在其他项目清单中列出的项目和数量，自主确定综合单价并计算计日工费用。

4)总承包服务费根据招标文件中列出的内容和提出的要求自主确定。

(4)规费和税金的计算：规费和税金应按国家和省级、国务院部委有关建设主管部门的规定计取。

(5)其他有关表格的填写：应该按照工程量清单的有关要求，认真填写如“分部分项工程量清单综合单价分析表”、“措施项目费分析表”、“主要材料价格表”等其他要求承包商投标时提交的有关表格。

(6)注意事项:

1)工程量清单与计价表中的每一个项目均应填入综合单价和合价,且只允许有一个报价。已标价的工程量清单中投标人没有填入综合单价和合价,其费用视为已包含(分摊)在已标价的其他工程量清单项目的单价和合价中。

2)投标总价应当与分部分项工程费、措施项目费、其他项目费和规费、税金的合计金额一致。

3)材料单价应该是全单价,包括:材料原价、材料运杂费、运输损耗费、加工及安装损耗费、采购保管费、一般的检验试验费及一定范围内的材料风险费用等。但不包括新结构、新材料的试验费和业主对具有出厂合格证明的材料进行检验,对构件做破坏性试验及其他特殊要求检验试验的费用。特别值得强调的是,原来定额计价法中加工及安装损耗费是在材料的消耗量中反映,工程量清单计价中加工及安装损耗费是在材料的单价中反映。

第五节 合同价款的约定

一、工程合同价款的约定

业主、承包商应当在合同条款中除约定合同价外,一般对下列有关工程合同价款的事项进行约定:工程计量与支付工程进度款的方式、数额及时间;工程竣工价款结算编制与核对、支付及时间;索赔与现场签证的程序、金额确认与支付时间;工程质量保证(保修)金的数额、预扣方式及时间;发生工程价款纠纷的解决方法与时间;工程价款的调整因素、方法、程序、支付及时间;承担风险的内容、范围以及超出约定内容、范围的调整方法;预付工程款的数额、支付时间及抵扣方式;与履行合同、支付价款有关的其他事项。

招标工程合同约定的内容不得违背招投标文件的实质性内容。招标文件与中标人投标文件不一致的地方,签订合同时,以投标文件为准。

二、工程合同价款的约定方式

《招标投标法》规定:经过招标、评标、决标后,自中标通知书发出之日起30日内,招标人与中标人应根据招投标文件订立书面合同。其中标价,就是合同价,合同内容包括:双方的权利、义务;合同价款与支付;竣工与结算;质量与验收;工程保险等;施工组织计划和工期;争议的解决等。

以施工图预算为基础,发包方与承包方通过协商谈判决定合同价这一方式主要适用于抢险工程、保密工程、不宜进行招标的工程以及依法可以不进行招标的工程项目,合同签订的内容同上。

第八章　建设项目施工阶段工程造价的控制与调整

第一节　施工预算与工程成本控制

一、施工预算概述

1. 施工预算的概念

施工预算是施工企业为了适应内部管理的需要，按照项目核算的要求，根据施工图纸、施工定额、施工组织设计，考虑挖掘企业内部潜力，由施工单位编制的预算技术经济文件。施工预算规定了单位或分部、分项、分层、分段工程的人工、材料、机械台班消耗量。它是施工企业加强经济核算、控制工程成本的重要手段。

2. 施工预算的编制依据

(1)经过会审的施工图、会审纪要及有关标准图；

(2)施工定额；

(3)施工方案；

(4)人工工资标准、机械台班单价、材料价格。

3. 施工预算的内容

施工预算一般以单位工程为对象，按分部、分层、分段编制。施工预算通常由文字说明及表格两大部分组成。

(1)文字说明部分，应简明扼要地叙述以下几方面的内容：

1)单位工程概况。简要说明建设单位工程建筑面积、层数、结构形式以及装饰标准等概况。

2)图纸审查意见。说明采用的图纸名称及标准图集的编号。图纸经会审后，对设计图纸及设计总说明书提出的修改意见。

3)采用的施工定额。施工定额是施工预算的编制依据，定额水平的高低和定额内容是否简明适用，直接影响施工预算的编制质量。目前，在全国尚无统一施工定额的情况下，应该执行所在地区或企业内部自行编制的施工定额。

4)施工部署及施工期限。

5)冬雨季施工措施、降低工程成本的技术措施。

6)在施工中急需建设单位配合解决的问题。

(2)表格部分，编制施工预算可采用表格形式进行。例如，北京市各建筑企业在编制施工预算时，通常采用下面几种表格：

1)计算工程量表格。

2)施工预算表，亦称施工预算工料分析表。这是施工预算的基本表格。该表是工程量乘以施工定额中的人工、材料、机械台班消耗量而编制的。

3)施工预算工、料、机费用汇总表。

4)两算对比表。用于进行施工图预算与施工预算的对比。

5)其他表格。如：门窗加工表、钢筋混凝土预制构件加工表、五金明细表及钢筋表等。

4. 施工预算编制的方法

通常有两种方法，一是"实物法"，二是"单位估价法"。

(1)实物法，即施工预算工、料、机分析表示法，目前应用比较普遍。它的编制方法是，根据施工图和设计说明书、劳动定额或施工定额工程量计算规则计算工程量，套用定额并用表格形式计算汇总，分析人工、材料及施工机械台班消耗量。

(2)单位估价法

根据施工图纸、施工定额计算出工程量后，再套用施工定额，逐项计算出人工费、材料费、机械台班费。

不论采用哪种方法，都必须根据当地现行的施工定额的工程量计算规则、定额项目划分及定额的册、章、节说明，按分工管理的要求，分层、分段、分工种、分项进行工程量计算、工料分析以及人工费、材料费、机械费的计算。

5. 施工预算的作用

(1)施工预算是编制施工计划的依据。

(2)施工预算是施工队向施工班组签发施工任务单和限额领料单的依据。

(3)施工预算是计算计件工资和超额奖励、贯彻按劳分配的依据。

(4)施工预算是企业开展经济活动分析进行"两算"对比的依据。

二、成本分析

在施工过程，可以采取分项成本核算分析的方法，找出显著的成本差异，有针对性地采取有效措施，努力降低工程成本。

绘制成本控制折线图。将分部分项工程的承包成本、施工预算（计划）成本按时间顺序绘制成本折线图。在成本计划实施的过程中，将发生的实际成本绘在图中，进行比较分析（图 8-1）。

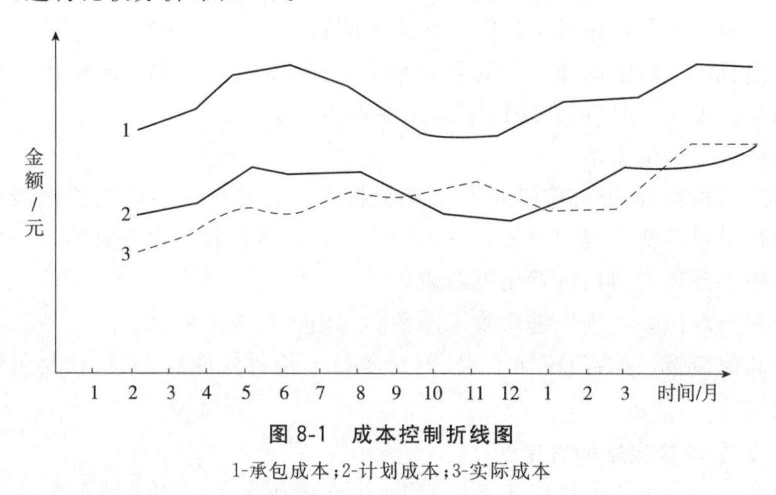

图 8-1 成本控制折线图

1-承包成本；2-计划成本；3-实际成本

制定分项成本分析表进行比较分析（表 8-1）。

表 8-1 分项成本分析表

分部或分项工程	计划成本（施工预算成本）			实际成本			成本分析				显著的成本差异
							增		减		
	数量	单价	金额	数量	单价	金额	金额	单价	金额	单价	

1. 人工费的控制

在施工过程中，人工费的控制具有较大的难度。尽管如此，我们可以从控制支出和按实签证两个方面来着手解决。

（1）按定额人工费控制施工生产中的人工费，尽量以下达施工任务书的方式承包用工。如产生预算定额以外的用工项目，应按实签证。

按预算定额的工日数核算人工费，一般应以一个分部或一个工种为对象来进行。因为定额具体的分项工程项目由于综合的内容不同，可能与实际施工情况有差别，从而产生用工核定不准确的情况。但是，只要在更大的范围来执行，其不合理的因素就会逐渐克服，这是由定额消耗量具有综合性特点决定的。所以，下达承包用工的任务时，应以分部或工种为对象进行较为合理。

(2)产生了合同价款以外的内容，应按实签证。例如：挖基础土方时，出现了埋设在土内的旧管道，这时，拆除废弃管道的用工应单独签证计算。又如，由于建设单位的原因停止了供电，或不能及时供料等原因造成的停工时间，应及时签证。

2. 工程材料费的控制

材料费是构成工程成本的主要内容。材料品种和规格多，用量大，其变化的范围也较大。因而，只要施工单位能控制好材料费的支出，就掌握了降低成本的主动权。

材料费的控制应从以下几个方面着手：

(1)以最佳方式采购材料，努力降低采购成本。

1)选择材料价格、采购费用最低的采购地点和渠道。

2)建立长期合作关系的采购方式。建筑材料经销商往往以较低的价格给老客户，以吸引他们建立长期的合作关系，以薄利多销的策略来经销建筑材料。

3)按工程进度计划采购供应材料。在施工的各个阶段，施工现场需要多少材料进场，应以保证正常的施工进度为原则。

(2)合理使用周转材料。金属脚手架、模板等周转材料的合理使用，也能达到节约和控制材料费的目的。这一目标可以通过以下几个方面来实现：

1)合理控制施工进度，减少模板的总投入量，应用发挥其周转使用效率。由于占用的模板少了，也就降低了模板摊销费的支出。

2)控制好工期，做到不拖延工期或合理提前工期，尽量降低脚手架的占用时间，充分提高周转使用率。

3)做好周转材料的保管、保养工作，及时除锈、防锈，通过延长周转使用次数达到降低摊销费用的目的。

(3)根据施工实际情况确定材料规格。在施工中，当材料品种确定后，材料规格的选定对节约材料有较重要的意义。例如：楼梯踏步贴瓷砖，当楼梯净宽为1350mm，踏步宽为300mm，高为150mm时，选用哪种规格的地面砖较合理。通过市场调查，符合楼梯用的地面砖有350mm×350mm、400mm×400mm、450mm×450mm、500mm×500mm、600mm×600mm等规格，假如各种规格的地砖每平方米的价格是一样的，怎样选择最合理。

上述问题中规格不同，但每平方米价格是一致的，我们可以通过采用哪种规格地砖的损耗最低的原则来选定，分析过程如下：

楼梯踏步板和踢脚板贴瓷砖时，缝要对齐，所以只能选择其中一种规格，不能混用。

1)以踏步宽计算：

350mm×350mm 规格：踏步板切割一次，丢掉 50mm 宽；踢脚板切割二次，丢掉 50mm 宽；

400mm×400mm 规格：踏步板切割一次，丢掉 100mm 宽；踢脚板切割二次，丢掉 100mm 宽；

450mm×450mm 规格：切割一次，分成 300mm 宽、150mm 宽，无浪费；

500mm×500mm 规格：切割一次，分成 300mm 宽、150mm 宽、丢掉 50mm 宽；

600mm×600mm 规格：切割一次，分成 300mm 宽 2 块，或切割三次，分成 150mm 宽 4 块，没有浪费。

结论：采用 450mm×450mm 或 600mm×600mm 规格较合理，无浪费。

2)以楼梯宽计算：

350mm×350mm 规格：1.35/0.35＝3.86 块＝4 块

400mm×400mm 规格：1.35/0.40＝3.38 块＝4 块；

450mm×450mm 规格：1.35/0.45＝3 块

500mm×500mm 规格：1.35/0.50＝2.70 块＝3 块

600mm×600mm 规格：1.35/0.60＝2.25 块＝3 块

结论：450mm×450mm 比 600mm×600mm 更合理，没有浪费，所以选用 450mm×450mm 规格的地砖最经济合理。

(4)合理设计施工现场的平面布置。材料堆放场地合理是指，根据现有的条件，合理布置各种材料或构件的堆放地点，尽量不发生或少发生二次搬运费；尽量减少施工损耗和其他损耗。

第二节　工程变更与合同价的调整

一、工程变更概述

1. 工程变更的概念

在工程项目的实施过程中，由于种种原因，常常会出现设计、工程量、计划进度、使用材料等方面的变化，这些变化统称工程变更，包括设计变更、进度计划变更、施工条件变更以及原招标文件和工程量清单中未包括的“新增工程”。

2. 工程变更的产生原因

工程变更是建筑施工生产的特点之一，主要原因是：业主方对项目提出新的要求；由于现场施工环境发生了变化；由于设计上的错误，必须对图纸做出修改；

由于使用新技术有必要改变原设计；由于招标文件和工程量清单不准确引起工程量增减；发生不可预见的事件，引起停工和工期拖延。

3. 工程变更的控制

工程变更按照发生的时间划分，有以下几种：工程尚未开始，这时的变更只需对工程设计进行修改和补充；工程正在施工，这时变更的时间通常很紧迫，甚至可能发生现场停工等待变更通知；工程已完工，这时进行变更，就必须做返工处理。

因此，应尽可能避免工程完工后进行变更，既可以防止浪费，又可以避免一旦处理不好引起纠纷，损害投资者或承包商的利益，对项目目标控制不利。

工程变更中除了对原工程设计进行变更、工程进度计划变更之外，施工条件的变更往往较复杂，需要特别重视，尽量避免索赔的发生。施工条件的变更，往往是指未能预见的现场条件或不利的自然条件，即在施工中实际遇到的现场条件同招标文件中描述的现场条件有本质的差异，使承包商向业主提出施工单价和施工时间的变更要求。在土建工程中，现场条件的变更一般出现在基础地质方面，如厂房基础下发现流砂或淤泥层，隧洞开挖中发现新的断层破碎等。

在施工实践中，控制由于施工条件变化所引起的合同价款变化，主要是把握施工单价和施工工期的科学性、合理性。因为，在施工合同条款的理解方面，对施工条件的变更没有十分严格的定义，往往会造成合同双方各执一词。所以，应充分做好现场记录资料和试验数据库的收集整理工作，使以后在合同价款的处理方面，更具有科学性和说服力。

4. 工程变更的确认

由于工程变更会带来工程造价和工期的变化，为了有效地控制造价，无论哪一方提出工程变更，均需由工程师确认并签发工程变更指令。当工程变更发生时，要求工程师及时处理并确认变更的合理性。一般过程是：提出工程变更→分析提出的工程变更对项目目标的影响→分析有关的合同条款和会议、通信记录→初步确定处理变更所需的费用、时间范围和质量要求（向业主提交变更详细报告）→确认工程变更。

二、工程变更的分类及处理程序

1. 工程变更的分类

由于工程建设的周期长、涉及的经济关系和法律关系复杂、受自然条件和客观因素的影响大，导致项目的实际情况与项目招标投标时的情况相比会发生一些变化。工程变更包括工程量变更、工程项目的变更（如发包人提出增加或者删减原项目内容)、进度计划的变更、施工条件的变更等。考虑到设计变更在工程变更中的重要性,往往将工程变更分为设计变更和其他变更两大类。

(1)设计变更。在施工过程中如果发生设计变更,将对施工进度产生很大的影响。因此,应尽量减少设计变更,如果必须对设计进行变更,必须严格按照国家的规定和合同约定的程序进行。

由于发包人对原设计进行变更,以及经工程师同意的、承包人要求进行的设计变更,导致合同价款的增减及造成的承包人损失,由发包人承担,延误的工期相应顺延。

(2)其他变更。合同履行中发包人要求变更工程质量标准及发生其他实质性变更,由双方协商解决。

2. 工程变更的处理程序

(1)发包人提出的工程变更处理程序:发包人提出工程变更→工程师在工程变更前 14 天向承包人发出工程变更通知→承包人接到工程变更通知后,分析提出的工程变更对工程施工的影响及所需费用→在工程变更确认后的 14 天内向工程师提交变更价款报告→工程师确认工程变更价款报告。

(2)承包人提出的工程变更处理程序:承包人提出工程变更申请→工程师审查承包人提出的工程变更申请→工程师同意变更申请→承包人向工程师提交变更价款报告→工程师审查承包人提交的变更价款报告→工程师同意,则按该报告调整合同价,不同意则双方协商。

三、工程变更价款的确定

(1)因承包方自身原因导致的工程变更,承包方无权追加合同价款。

(2)工程师不同意承包方提出的变更价款,可以和解或者要求有关部门(如工程造价管理部门)调解。和解或调解不成的,双方可以采用仲裁或向法院起诉的方式解决。

(3)承包方在工程变更确定后 14 天内,提出变更工程价款的报告,经工程师确认后调整合同价款。变更合同价款按下列方法进行:

1)合同中已有适用于变更工程的价格,按合同已有的价格计算变更合同价款;

2)合同中只有类似于变更工程的价格,可以参照类似价格变更合同价款;

3)合同中没有适用或类似于变更工程的价格,由承包方提出适当的变更价格,经工程师确认后执行。

(4)工程师收到变更工程价款报告之日起 14 天内,应予以确认。工程师无正当理由不确认时,自变更价款报告送达之日起 14 天后变更工程价款报告自行生效。

(5)承包方在双方确定变更后14天内不和工程师提出变更工程报告时,可视该项变更不涉及合同价款的变更。

(6)工程师确认增加的工程或变更价款作为追加合同价款,与工程款同期支付。

四、合同价款的调整

由于建设工程的特殊性,常常在施工中变更设计,带来合同价款的调整,在市场经济条件下,物价的异常波动,会带来合同材料价款的调整;国家法律、法规或政策的变化,会带来规费、税金等的调整,影响工程造价随之调整。在施工过程中,合同价款的调整是十分正常的现象。

1. 工程变更的价款调整

变更合同价款的方法,合同专用条款中有约定的按约定计算。无约定的按《建设工程价款结算暂行办法》(财建[2004]369号,以下简称价款结算办法)的方法进行计算:

(1)合同中已有适用于变更工程的价格,按合同已有的价格计算变更合同价款;

(2)合同中只有类似于变更工程的价格,可以参照类似价格变更合同价款;

(3)合同中没有适用或类似于变更工程的价格,由承包商提出适当的变更价格,经造价工程师确认后执行。如双方不能达成一致的,双方可提请工程所在地工程造价管理机构进行咨询或按合同约定的争议或纠纷解决程序办理。

2. 措施费用调整

施工期内,措施费用按承包人在投标报价书中的措施费用进行控制,有下列情况之一者,措施费用应予调整:

(1)施工期间因国家法律、行政法规以及有关政策变化导致措施费中工程税金、规费等变化的,应予调整。

(2)发包人更改承包人的施工组织设计(修正错误除外),造成措施费用增加的应予调整。

(3)因发包人原因并经承包人同意顺延工期,造成措施费用增加的应予调整。

(4)单价合同中,实际完成的工作量超过发包人所提工程量清单的工作量,造成措施费用增加的应予调整。

措施费用具体调整办法在合同中约定,合同中没有约定或约定不明的,由发包、承包双方协商,双方协商不能达成一致的,可以按工程造价管理部门发布的组价办法计算，也可按合同约定的争议解决办法处理。

3. 综合单价的调整

当工程量清单中工程量有误或工程变更引起实际完成的工程量增减超过工程量清单中相应工程量的10%或合同中约定的幅度时，工程量清单项目的综合单价应予调整。

4. 材料价格调整

由承包人采购的材料，材料价格以承包人在投标报价书中的价格进行控制。

施工期内，当材料价格发生波动，合同有约定时超过合同约定的涨幅的，承包人采购材料前应报经发包人复核采购数量，确认用于本合同工程时，发包人应认价并签字同意，发包人在收到资料后，在合同约定日期到期后，不予答复的可视为认可，作为调整该种材料价格的依据。如果承包人未报经发包人审核即自行采购，再报发包人调整材料价格，如发包人不同意，不作调整。

第三节 工程索赔

一、工程索赔概念

1. 工程索赔的概念

工程索赔是在工程承包合同履行中，当事人一方由于另一方未履行合同所规定的义务或者出现了应当由对方承担的风险而遭受损失时，向另一方提出赔偿要求的行为。在实际工作中，“索赔”是双向的，我国《建设工程施工合同（示范文本）》中的索赔就是双向的，既包括承包人向发包人的索赔，也包括发包人向承包人的索赔。但在工程实践中，发包人索赔数量较小，而且处理方便。可以通过冲账、扣拨工程款、扣保证金等实现对承包人的索赔，而承包人对发包人的索赔则比较困难一些。通常情况下，索赔是指承包人（施工单位）在合同实施过程中，对非自身原因造成的工程延期、费用增加而要求发包人给予补偿损失的一种权利要求。

索赔有较广泛的含义，可以概括为如下三个方面：

(1)一方违约使另一方蒙受损失，受损方向对方提出赔偿损失的要求。

(2)发生应由业主承担责任的特殊风险或遇到不利自然条件等情况，使承包商蒙受较大损失而向业主提出补偿损失要求。

(3)承包商本人应当获得的正当利益，由于没能及时得到监理工程师的确认和业主应给予的支付，而以正式函件向业主索赔。

2. 工程索赔的条件及作用

(1)索赔的条件。索赔是受损失者的权力,其根本目的在于保护自身利益,挽回损失,避免亏本。要想取得索赔的成功,提出索赔要求必须符合以下基本条件:

1)客观性。是指客观存在不符合合同或违反合同的干扰事件,并对承包商的工期和成本造成影响。这些干扰事件还要有确凿的证据证明。

2)合法性。当施工过程产生的干扰,非承包商自身责任引起时,按照合同条款对方应给予补偿。

索赔要求必须符合本工程施工合同的规定。合同法律文件,可以判定干扰事件的责任由谁承担、承担什么样责任、应赔偿多少等。不同的合同条件,索赔要求具有不同的合法性,因而会产生不同的结果。

3)合理性。是指索赔要求合情合理,符合实际情况,真实反映由于干扰事件引起的实际损失用合理的计算方法等。

承包商不能为了追求利润,滥用索赔,或者采用不正当手段搞索赔,否则会产生以下不良影响。

①合同双方关系紧张,互不信任,不利于合同的继续实施和双方的进一步合作。

②承包商信誉受损,不利于将来的继续经营活动。在国际工程承包中,不利于在工程所在国继续扩展业务。任何业主在招标中都会对上述承包商存有戒心,敬而远之。

③会受到处罚。在工程施工中滥用索赔,对方会提出反索赔的要求。如果索赔违反法律,还会受到相应的法律处罚。

综上所述,承包商应该正确地、辩证地对待索赔问题。

(2)索赔的作用:

1)有利于促进双方加强内部管理,严格履行合同。

2)有助于双方提高管理素质,加强合同管理,维护市场正常秩序。

3)有助于双方更快地熟悉国际惯例,熟练掌握索赔和处理索赔的方法与技巧。

4)有助于对外开放和对外工程承包的开展。

5)有助于政府部门转变职能,使双方依据合同和实际情况实事求是地协商工程造价和工期,从而使政府部门从繁琐的调整概算和协调双方关系等微观管理工作中解脱出来。

6)有助于工程造价的合理确定,可以把原来计入工程报价中的一些不可预见费用,改为实际发生的损失支付,便于降低工程报价,使工程造价更为实事求是。

3. 工程索赔的内容

(1)价格调整方面的索赔;
(2)货币及汇率变化引起的索赔;
(3)拖延支付工程款的索赔;
(4)法律改变引起的索赔;
(5)不利的自然条件与人为引起的索赔;
(6)工程变更引起的索赔;
(7)工期延长和延误的费用索赔;
(8)施工中断或工效降低的费用索赔;
(9)因工程终止或放弃提出的索赔;
(10)物价上涨引起的索赔。

4. 工程索赔的分类

(1)按发生索赔的原因分类

由于发生索赔的原因很多,根据工程施工索赔实践,通常有如下情况:增加(或减少)工程量索赔;地基变化索赔;工期延长索赔;加速施工索赔;不利自然条件及人为障碍索赔;工程范围变更索赔;合同文件错误索赔;工程拖期索赔;暂停施工索赔;终止合同索赔;设计图纸拖交索赔;拖延付款索赔;物价上涨索赔;业主风险索赔;特殊风险索赔;不可抗拒天灾索赔;业主违约索赔;法令变更索赔等。

(2)按索赔的目的分类

就施工索赔的目的而言,施工索赔有以下两类的范畴,即工期索赔和经济索赔。

1)工期索赔就是承包商向业主要求延长施工的时间,使原定的工程竣工日期顺延一段合理的时间。

2)经济索赔就是承包商向业主要求补偿不应该由承包商自己承担的经济损失或额外开支,也就是取得合理的经济补偿。有时,人们将经济索赔具体地称为"费用索赔"。

承包商取得经济补偿的前提是:在实际施工过程中发生的施工费用超过了投标报价书中该项工作所预算的费用,而这些费用超支的责任不在承包商方面,也不属于承包商的风险范围。具体地说,施工费用超支的原因,主要来自两种情况:一是施工受到了干扰,导致工作效率降低;二是业主指令工程变更或额外工程,导致工程成本增加。这两种情况所增加的施工费用,即新增费用或额外费用,承包商有权索赔。因此,经济索赔有时也被称为额外费用索赔,简称为费用索赔。

(3)按索赔的合同依据分类

这种分类法在国际工程承包界是众所周知的。它是在确定经济补偿时，根据工程合同文件来判断，在哪些情况下承包商拥有经济索赔的权利。

1)合同规定的索赔是指承包商所提出的索赔要求，在该工程项目的合同文件中有文字依据，承包商可以据此提出索赔要求，并取得经济补偿。这些在合同文件中有文字规定的合同条款，在合同解释上被称为明示条款，或称为明文条款。

2)非合同规定的索赔亦被称为“超越合同规定的索赔”，即承包商的该项索赔要求，虽然在工程项目的合同条件中没有专门的文字叙述，但可以根据该合同条件的某些条款的含义，推论出承包商有索赔权。这一种索赔要求，同样有法律效力，有权得到相应的经济补偿。这种有经济补偿含义的合同条款，在合同管理工作中被称为“默示条款”，或称为“隐含条款”。

3)道义索赔。这是一种罕见的索赔形式，是指通情达理的业主目睹承包商为完成某项困难的施工，承受了额外费用损失，因而出于善良意愿，同意给承包商以适当的经济补偿。因在合同条款中找不到此项索赔的规定，这种经济补偿，称为道义上的支付，或称优惠支付，道义索赔俗称为“通融的索赔”或“优惠索赔”。这是施工合同双方友好信任的表现。

(4)按索赔的有关当事人分类

1)工程承包商同业主之间的索赔是承包施工中最普遍的索赔形式。在工程施工索赔中，最常见的是承包商向业主提出的工期索赔和经济索赔；有时，业主也向承包商提出经济补偿的要求，即“反索赔”。

2)总承包商同分包商之间的索赔。总承包商是向业主承担全部合同责任的签约人，其中包括分包商向总承包商所承担的那部分合同责任。

总承包商和分包商，按照他们之间所签订的分包合同，都有向对方提出索赔的权力，以维护自己的利益，获得额外开支的经济补偿。

分包商向总承包商提出的索赔要求，经过总承包商审核后，凡是属于业主方面责任范围内的事项，均由总承包商汇总加工后向业主提出；凡属总承包商责任的事项，则由总承包商同分包商协商解决。有的分包合同规定：所有的属于分包合同范围内的索赔，只有当总承包商从业主方面取得索赔款后，才拨付给分包商。这是对总承包商有利的保护性条款，在签订分包合同时，应由签约双方具体商定。

3)承包商同供货商之间的索赔。承包商在中标以后，根据合同规定的机械设备和工期要求，向设备制造厂家或材料供应商询价订货，签订供货合同。如果供货商违反供货合同的规定，使承包商受到经济损失时，承包商有权向供货商提出索赔，反之亦然。承包商同供货商之间的索赔，一般称为“商务索赔”，无论施工索赔或商务索赔,都属于工程承包施工的索赔范围。

(5)按索赔的处理方式分类

1)单项索赔。单项索赔就是采取一事一索赔的方式,即在每一件索赔事项发生后,报送索赔通知书,编报索赔报告书,要求单项解决支付,不与其他的索赔事项混在一起。

单项索赔是施工索赔通常采用的方式。它避免了多项索赔的相互影响制约,这是在特定的情况下被迫采用的一种索赔方法。有时,在施工过程中受到非常严重的干扰,以致承包商的全部施工活动与原来的计划大不相同,原合同规定的工作与变更后的工作相互混淆,承包商无法为索赔保持准确而详细的成本记录资料,无法分辨哪些费用是原定的,哪些费用是新增的,在这种条件下,无法采用单项索赔的方式。

2)综合索赔,也就是总成本索赔,俗称一揽子索赔。它是对整个工程(或某项工程)的实际总成本与原预算成本之差额提出索赔。

采取综合索赔时,承包商必须事前征得工程师的同意,并提出以下证明:

①承包商的投标报价是合理的;

②实际发生的总成本是合理的;

③承包商对成本增加没有任何责任;

④不可能采用其他方法准确地计算出实际发生的损失数额。

虽然如此,承包商应该注意,采取综合索赔的方式应尽量避免,因为它涉及的争论因素太多,一般很难成功。

(6)按索赔的对象分类

索赔是指承包商向业主提出的索赔;反索赔是指业主向承包商提出的索赔。

5. 工程索赔的程序

发包方未能按合同约定履行自己的各项义务或发生错误以及应由发包方承担责任的其他情况,造成工期延误和(或)延期支付合同价款及造成承包方的其他经济损失,承包方可按下列程序以书面形式向发包方索赔。

(1)发出索赔通知:承包商应在索赔事件发生后的28天内向工程师递交索赔通知,声明将对此索赔事件提出索赔。

(2)递交索赔报告:索赔意向通知提交后的28天内,承包商应递交正式的索赔报告。索赔报告的内容应包括:此项索赔要求补偿的款项事件发生的原因、索赔的依据、对其权益影响的证据和资料、工期延长天数的详细计算等有关材料。

(3)工程师审查索赔报告:工程师在收到承包人送交的索赔报告和有关资料后,于28天内给予答复,或要求承包商进一步补充索赔理由和证据。工程师在28天内未予答复或未对承包商作进一步要求,视为该项索赔已经认可。

(4)工程师与承包商协商补偿。

(5)工程师索赔处理决定：在经过认真分析研究及与业主、承包商广泛讨论后，工程师应该向业主和承包商提出自己的《索赔处理决定》。

(6)业主审查索赔处理。

(7)承包商是否接受最终索赔处理：承包商接受最终的索赔处理决定，索赔事件的处理即告结束。如果承包商不同意，且协商不成，承包商有权提交仲裁或诉讼解决。

发包方因承包方未能按合同约定履行自己的各项义务或发生错误而造成损失，也可按上述确定的时限向承包方提出索赔。

二、工程索赔的计算

1. 索赔款的组成

索赔时可索赔费用的组成部分，同施工承包合同价包含的组成部分一样，包括直接费、间接费、税金和利润。具体内容如图 8-2 所示。

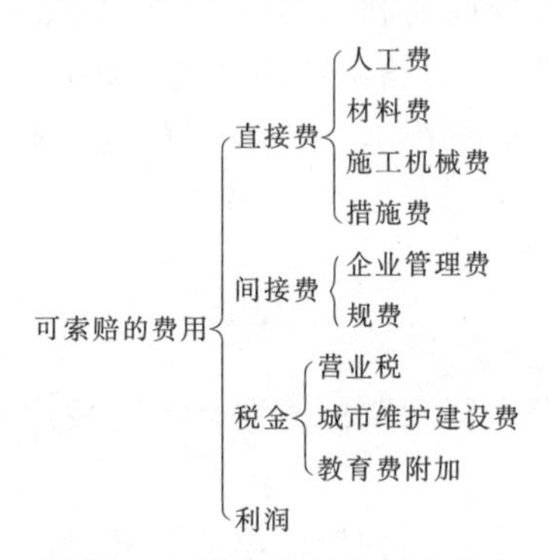

图 8-2　可索赔费用的组成部分

(1)人工费是指直接从事索赔事项建筑安装工程施工的生产工人开支的各项费用。主要包括：基本工资、工资性补贴、生产工人辅助工资、职工福利费、生产工人劳动保护费。

(2)材料费是指施工过程中耗费的构成工程实体的原材料、辅助材料、构配件、零件、半成品的费用。主要包括：材料原价、材料运杂费、运输损耗费、采购保管费、检验试验费。对于工程量清单计价来说，还包括操作及安装损耗费。

为了证明材料原价，承包商应提供可靠的订货单、采购单，或造价管理机构公布的材料信息价格。

(3)施工机械费的索赔计价比较繁杂，应根据具体情况协商确定。

1)使用承包商自有的设备时，要求提供详细的设备运行时间和台数，燃料消耗记录，随机工作人员工作记录，等等。这些证据往往难以齐全准确，有时使双方争执不下。因此，在索赔计价时往往按照有关的预算定额中的台班单价计价。

2)使用租赁的设备时，只要租赁价格合理，又有可信的租赁收费单据时，就可以按租赁价格计算索赔款。

3)索赔项目需要新增加机械设备时，双方事前协商解决。

(4)措施费：索赔项目造成的措施费用的增加，可以据实计算。

(5)企业管理费：企业组织施工生产和经营管理的费用，如人员工资、办公、差旅交通、保险等多项费用。企业管理费按照有关规定计算。

(6)利润按照投标文件的计算方法计取。

(7)规费及税金按照投标文件的计算方法计取。

在工程索赔的实践中，以下几项费用一般是不允许索赔的：

1)承包商对索赔事项的发生原因负有责任的有关费用。

2)承包商对索赔事项未采取减轻措施因而扩大的损失费用。

3)承包商进行索赔工作的准备费用。

4)索赔款在索赔处理期间的利息。

5)工程有关的保险费用，索赔事项涉及的一些保险费用，如工程一切险、工人事故保险、第三方保险等费用，均在计算索赔款时不予考虑，除非在合同条款中另有规定。

2. 索赔的计算方法

(1)费用索赔的计算

费用索赔是整个工程合同索赔的重要环节。费用索赔的计算方法，一般有以下几种：

1)总费用法。总费用法是一种较简单的计算方法。其基本思路是，按现行计价规定计算索赔值，另外也可按固定总价合同转化为成本加酬金合同，即以承包商的额外成本为基础加上管理费和利润、税金等作为索赔值。

使用总费用法计算索赔值应符合以下几个条件：

①合同实施过程中的总费用计算是准确的；工程成本计算符合现行计价规定；成本分摊方法、分摊基础选择合理；实际成本与索赔报价成本所包括的内容应一致。

②费用损失的责任或干扰事件的责任与承包商无任何关系。

③承包商的索赔报价是合理的，反映实际情况。

2)因素分析法。因素分析法亦称连环替代法。为了保证分析结果的可比性，应将各指标按客观存在的经济关系，分解为若干因素指标连乘形式。

3)分项法。分项法是按每个或每类干扰事件引起费用项目损失分别计算索赔值的方法。其特点是：

①能为索赔报告的进一步分析、评价、审核明确双方责任提供依据。

②比总费用法复杂。

③应用面广，容易被人们接受。

④能反映实际情况，比较科学、合理。

(2)工期索赔的计算

1)其他方法。在实际工程中，工期补偿天数的确定方法可以是多样的。例如：在干扰事件发生前由双方商讨，在变更协议或其他附加协议中直接确定补偿天数。

2)网络分析法。网络分析法是通过分析干扰事件发生前后的网络计划，对比两种工期的计算结果，从而计算出索赔工期。

3)平均值计算法。平均值计算法是通过计算业主对各个分项工程的影响程度，然后得出应该索赔工期的平均值。

4)相对单位法。工程的变更必然会引起劳动量的变化，这时我们可以用劳动量相对单位法来计算工期索赔天数。

5)比例法。在工程实施中，因业主原因影响的工期，通常可直接作为工期的延长天数。但是，当提供的条件能满足部分施工时，应按比例法来计算工期索赔值。

第四节　工程价款的结算及争议的解决

一、我国工程价款结算方法

1. 工程价款的主要结算方式

根据财政部、原建设部《建设工程价款结算暂行办法》的规定，工程价款结算应按合同约定办理，合同未作约定或约定不明的，发、承包双方应依照下列规定与文件协商处理。

(1)国家有关法律、法规和规章制度。

(2)国务院建设行政主管部门，省、自治区、直辖市或有关部门发布的工程造价计价标准、计价办法等有关规定。

(3)建设项目的合同、补充协议、变更签证和现场签证，以及经发、承包人认可的其他有效文件。

(4)其他可依据的材料。

工程价款的结算方式主要有以下两种：

1)月结算与支付,即实行按月支付进度款,竣工后清算的办法。合同工期在两个年度以上的工程,在年终进行工程盘点,办理年度结算。

2)分段结算与支付,即当年开工、当年不能竣工的工程按照工程形象进度,划分不同阶段支付工程进度款。具体划分在合同中明确。

除上述两种主要方式,还可以双方约定的其他方式结算。

2. 工程价款约定的内容

发包人、承包人应当在合同条款中对涉及工程价款结算的下列事项进行约定:

(1)预付工程款的数额、支付时限及抵扣方式;

(2)工程进度款的支付方式、数额及时限;

(3)工程施工中发生变更时,工程价款的调整方法、索赔方式、时限要求及金额支付方式;

(4)发生工程价款纠纷的解决方法;

(5)约定承担风险的范围及幅度以及超出约定范围和幅度的调整方法;

(6)工程竣工价款的结算与支付方式、数额及时限;

(7)工程质量保证(保修)金的数额、预扣方式及时限;

(8)安全措施和意外伤害保险费用;

(9)工期及工期提前或延后的奖惩办法;

(10)与履行合同、支付价款相关的担保事项。

3. 工程预付款及计算

施工企业承包工程,一般都实行包工包料,这就需要有一定数量的备料周转金。在工程承包合同条款中,一般要明文规定发包人在开工前拨付给承包人一定限额的工程预付款。此预付款构成施工企业为该承包工程项目储备主要材料、结构件所需的流动资金。

按照《建设工程价款结算暂行办法》的规定,在具备施工条件的前提下,发包人应在双方签订合同后的一个月内或不迟于约定的开工日期前的 7 天内预付工程款,发包人不按约定预付,承包人应在预付时间到期后 10 天内向发包人发出要求预付的通知,发包人收到通知后仍不按要求预付,承包人可在发出通知 14 天后停止施工,发包人应从约定应付之日起向承包人支付应付款的利息(利率按同期银行贷款利率计),并承担违约责任。

工程预付款仅用于承包人支付施工开始时与本工程有关的动员费用。在承包人向发包人提交金额等于预付款数额(发包人认可的银行开出)的银行保函后,发包人按规定的金额和规定的时间向承包人支付预付款,在发包人全部扣回预付款之前,该银行保函将一直有效。当预付款被发包人扣回时,银行保函金额相应递减。

(1)工程预付款的数额。包工包料工程的预付款按合同约定拨付,原则上预付比例不低于合同金额的10%,不高于合同金额的30%,对重大工程项目,按年度工程计划逐年预付。计价执行《建设工程工程量清单计价规范》GB50500的工程,实体性消耗和非实体性消耗部分应在合同中分别约定预付款比例。

在实际工作中,工程预付款的数额,要根据各工程类型、合同工期、承包方式和人工材料所占比重比一般安装工程要高,因而工程预付款数额也要相应提高;工期短的工程比工期长的要高,材料由承包人自购的比由发包人提供的要高。

对于只包定额工日(不包材料定额,一切材料由发包人供给)的工程项目,则可以不预付备料款。

(2)工程预付款的扣回。发包单位拨付给承包单位的工程预付款属于预支性质,到了工程实施后,随着工程所需主要材料储备的逐步减少,应以抵充工程价款的方式陆续扣回,抵扣方式必须在合同中约定。扣款的方式有两种:

1)可以从未施工工程尚需的主要材料及构件的价值相当于工程预付款数额时起扣,从每次结算工程价款中,按材料比重扣抵工程价款,竣工前全部扣清。其基本表达公式是:

$$T=P-\frac{M}{N} \tag{8-1}$$

式中:T——起扣点,即工程预付款开始扣回时的累计完成工作量金额;

M——工程预付款限额;

N——主要材料所占比重;

P——承包工程价款总额。

2)住房和城乡建设部《招标文件范本》中规定,在承包人完成金额累计达到合同总价的10%后,由承包人开始向发包人还款,发包人从每次应付给承包人的金额中扣回工程预付款,发包人至少在合同规定的完工期前三个月将工程预付款的总计金额按逐次分摊的办法扣回。当发包人一次付给承包人的余额少于规定扣回的金额时,其差额应转入下一次支付中作为债务结转。

在实际经济活动中,情况比较复杂,有些工程工期较短,就无需分期扣回。有些工程工期较长,如跨年度施工,工程预付款可以不扣或少扣,并于次年按应付工程预付款调整,多退少补。具体地说,跨年度工程,预计次年承包工程价值大于或相当于当年承包工程价值时,可以不扣回当年的工程预付款,如小于当年承包工程价值时,应按实际承包工程价值进行调整,在当年扣回部分工程预付款,并将未扣回部分转入次年,直到竣工年度,再按上述办法扣回。

4. 工程进度款的支付(中间结算)

施工企业在施工过程中,按逐月(或形象进度)完成的工程数量计算各项费用,向发包人办理工程进度款的支付(中间结算)。

以按月结算为例,工程进度款的支付步骤表示如下:

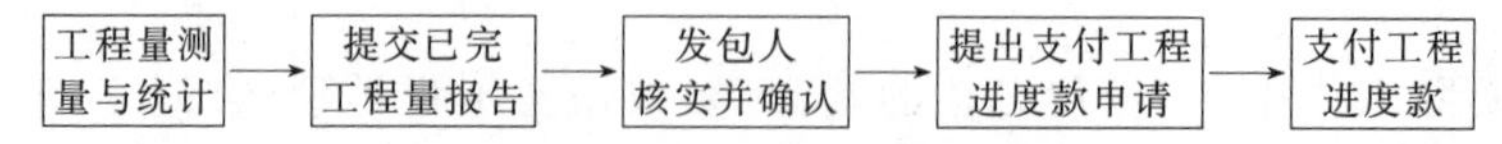

图 8-3 工程进度款的支付步骤

(1)工程量计算

根据《建设工程价款结算暂行办法》的规定,工程量计算的主要规定是:

1)承包人应当按照合同约定的方法和时间,向发包人提交已完工程量的报告。发包人接到报告后 14 天内核实已完工程量,并在核实前 1 天通知承包人,承包人应提供条件并派人参加核实,承包人收到通知后不参加核实,以发包人核实的工程量作为工程价款支付的依据。发包人不按约定时间通知承包人,致使承包人未能参加核实,核实结果无效。

2)发包人收到承包人报告后 14 天内未核实完工程量,从第 15 天起,承包人报告的工程量即视为被确认,作为工程价款支付的依据,双方合同另有约定的,按合同执行。

3)对承包人超出设计图纸(含设计变更)范围和因承包人原因造成返工的工程量,发包人不予计量。

(2)合同收入包括以下两部分内容

1)合同中规定的初始收入,即建造承包商与客户在双方签订的合同中最初商定的合同总金额,它构成了合同收入的基本内容。

2)因合同变更、索赔、奖励等构成的收入,这部分收入并不构成合同双方在签订合同时已在合同中商定的合同总金额,而是在执行合同过程中由于合同变更、索赔、奖励等原因而形成的追加收入。

(3)工程进度款支付

1)根据确定的工程计量结果,承包人向发包人提出支付工程进度款申请,14 天内,发包人应按不低于工程价款的 60%、不高于工程价款的 90%向承包人支付工程进度款。按约定时间发包人应扣回的预付款,与工程进度款同期结算抵扣。

2)发包人超过约定的支付时间不支付工程进度款,承包人应及时向发包人发出要求付款的通知,发包人收到承包人通知后仍不能按要求付款,可与承包人协商签订延期付款协议,经承包人同意后可延期支付,协议应明确延期支付的时间和从工程计量结果确认后第 15 天起计算应付款的利息(利率按同期银行贷款利率计)。

3)发包人不按合同约定支付工程进度款,双方又未达成延期付款协议,导致施工无法进行,承包人可停止施工,由发包人承担违约责任。

5. 质量保证金

建设工程质量保证金(保修金)(以下简称保证金)是指发包人与承包人在建设工程承包合同中约定,从应付的工程款中预留,用以保证承包人在缺陷责任期内对建设工程出现的缺陷进行维修的资金。

(1)缺陷和缺陷责任期

1)缺陷。缺陷是指建设工程质量不符合工程建设强制性标准、设计文件,以及承包合同的约定。

2)缺陷责任期。缺陷责任期一般为6个月、12个月或24个月,具体可由发、承包双方在合同中约定。缺陷责任期从工程通过竣(交)工验收之日起计。由于承包人原因导致工程无法按规定期限进行竣(交)工验收的,缺陷责任期从实际通过竣(交)工验收之日起计。由于发包人原因导致工程无法按规定期限进行竣(交)工验收的,在承包人提交竣(交)工验收报告90天后,工程自动进入缺陷责任期。

(2)保证金的预留和返还

1)承发包双方的约定。发包人应当在招标文件中明确保证金预留、返还等内容,并与承包人在合同条款中对涉及保证金的下列事项进行约定。

①保证金预留、返还方式。

②保证金预留比例、期限。

③保证金是否计付利息,如计付利息要明确利息的计算方式。

④缺陷责任期的期限及计算方式。

⑤保证金预留、返还及工程维修质量、费用等争议的处理程序。

⑥缺陷责任期内出现缺陷的索赔方式。

2)保证金的预留。建设工程竣工结算后,发包人应按照合同约定及时向承包人支付工程结算价款并预留保证金。全部或者部分使用政府投资的建设项目,按工程价款结算总额5%左右的比例预留保证金。社会投资项目采用预留保证金方式的,预留保证金的比例可参照执行。

3)保证金的返还。缺陷责任期内承包人认真履行合同约定的责任,到期后,承包人向发包人申请返还保证金。发包人在接到承包人返还保证金申请后,应于14天内会同承包人按照合同约定的内容进行核实。如无异议,发包人应当在核实后14天内将保证金返还给承包人,逾期支付的,从逾期之日起,按照同期银行贷款利率计付利息,并承担违约责任。发包人在接到承包人返还保证金申请后14天内不予答复,经催告后14天内仍不予答复,视同认可承包人的返还保证金申请。

(3)保证金的管理及缺陷修复

1)保证金的管理。缺陷责任期内,实行国库集中支付的政府投资项目,保证金的管理应按国库集中支付的有关规定执行。其他的政府投资项目,保证金可以预留在财政部门或发包方。缺陷责任期内,如发包人被撤销,保证金随交付使用资产一并移交使用单位管理,由使用单位代行发包人职责。社会投资项目采用预留保证金方式的,发、承包双方可以约定将保证金交由金融机构托管;采用工程质量保证担保、工程质量保险等其他保证方式的,发包人不得再预留保证金,并按照有关规定执行。

2)缺陷责任期内缺陷责任的承担。缺陷责任期内,由承包人原因造成的缺陷,承包人应负责维修,并承担鉴定及维修费用。如承包人不维修也不承担费用,发包人可按合同约定扣除保证金,并由承包人承担违约责任。承包人维修并承担相应费用后,不免除对工程的一般损失赔偿责任。由他人原因造成的缺陷,发包人负责组织维修,承包人不承担费用,且发包人不得从保证金中扣除费用。

6. 工程竣工结算方式及其审查

(1)工程竣工结算的含义:工程竣工结算是指施工企业按照合同规定的内容全部完成所承包的工程,经验收质量合格,并符合合同要求之后,向发包单位进行的最终工程价款结算。工程竣工结算分为单位工程竣工结算、单项工程竣工结算和建设项目竣工总结算。

(2)工程竣工结算的编审:

1)单位工程竣工结算由承包人编制,发包人审查;实行总承包的工程,由具体承包人编制,在总包人审查的基础上,发包人审查。

2)单项工程竣工结算或建设项目竣工总结算由总(承)包人编制,发包人可直接进行审查,也可以委托具有相应资质的工程造价咨询机构进行审查。政府投资项目,由同级财政部门审查。单项工程竣工结算或建设项目竣工总结算经发、承包人签字盖章后有效。

承包人应在合同约定期限内完成项目竣工结算编制工作,未在规定期限内完成的并且不能提出正当理由延期的,责任自负。

3)工程竣工结算审查:单项工程竣工后,承包人应在提交竣工验收报告的同时,向发包人递交竣工结算报告及完整的结算资料,发包人进行审查,工程竣工结算审查是竣工结算阶段的一项重要工作。因此,发包人、监理公司以及审计部门等,都十分关注竣工结算的审核把关。一般从以下几方面入手:核对合同条款;检查隐蔽验收记录;落实设计变更签证;按图核实工程数量;认真核实单价;

注意各项费用计取;防止各种计算误差。

发包人应按表 8-2 规定的时限进行核对(审查),并提出审查意见。

表 8-2　工程竣工结算审查时限

工程竣工结算报告金额	审查时间
500 万元以下	从接到竣工结算报告和完整的竣工结算资料之日起 20 天
500～2000 万元	从接到竣工结算报告和完整的竣工结算资料之日起 30 天
2000～5000 万元	从接到竣工结算报告和完整的竣工结算资料之日起 45 天
500 万元以上	从接到竣工结算报告和完整的竣工结算资料之日起 60 天

建设项目竣工总结算在最后一个单项工程竣工结算审查确认后 15 天内汇总,送发包人后 30 天内审查完成。

(3)工程竣工价款结算

1)工程竣工价款结算的过程。

①发包人收到竣工结算报告及完整的结算资料后,按表 8-2 中规定的时限(合同约定有期限的,从其约定)对结算报告及资料没有提出意见,则视同认可。

②承包人如未在规定时间内提供完整的工程竣工结算资料,经发包人催促后 14 天内仍未提供或没有明确答复,发包人有权根据已有资料进行审查,责任由承包人自负。

③根据确认的竣工结算报告,承包人向发包人申请支付工程竣工结算款。发包人应在收到申请后 15 天内支付结算款,到期没有支付的应承担违约责任。承包人可以催告发包人支付结算价款,如达成延期支付协议,发包人应按同期银行贷款利率支付拖欠工程价款的利息。如未达成延期支付协议,承包人可以与发包人协商将该工程折价,或申请人民法院将该工程依法拍卖,承包人就该工程折价或者拍卖的价款优先受偿。

2)索赔价款结算。发承包人未能按合同约定履行自己的各项义务或发生错误,给另一方造成经济损失的,由受损方按合同约定提出索赔,索赔金额按合同约定支付。

3)合同以外零星项目工程价款结算。发包人要求承包人完成合同以外零星项目,承包人应在接受发包人要求的 7 天内就用工数量和单价、机械台班数量和单价、使用材料和金额等向发包人提出施工签证,发包人签证后施工,如发包人未签证,承包人施工后发生争议的,责任由承包人自负。

工程竣工价款结算的金额可用公式 8-2 表示。

$$\begin{matrix}\text{竣工结算}\\\text{工程价款}\end{matrix}=\text{合同价款}+\begin{matrix}\text{施工过程中合同}\\\text{价款调整数额}\end{matrix}-\begin{matrix}\text{预付及已结算}\\\text{工程价款}\end{matrix}-\text{保修金} \quad (8\text{-}2)$$

7. 工程价款结算管理

工程价款结算管理应遵循以下原则：

(1)工程竣工后，发、承包双方应及时办清工程竣工结算，否则工程不得交付使用，有关部门不予办理权属登记。

(2)发包人与中标人不按照招标文件和中标的承包人的投标文件订立合同的，或者发包人、中标人背离合同实质性内容另行订立协议，造成工程价款结算纠纷的，另行订立的协议无效，由建设行政主管部门责令改正，并按《中华人民共和国招标投标法》第五十九条(招标人与中标人不按照招标文件和中标人的投标文件订立合同的，或者招标人、中标人订立背离合同实质性内容的协议的，责令改正；可处以中标项目金额5%以上，10%以下的罚款)进行处罚。

(3)接受委托承接有关工程结算咨询业务的工程造价咨询机构应具有工程造价咨询单位资质，其出具的办理拨付工程价款和工程结算的文件，应当由造价工程师签字，并应加盖执业专用章和单位公章。

二、工程价款结算争议及处理

1. 争议的产生

施工过程中，业主和承包商在履行施工合同时往往难以避免发生合同争议。如果不善于及时处理这些争议，任其积累和扩大，将会破坏一个工程项目合同双方的协作关系，严重影响项目的实施，甚至导致中途停工。因此，每个工程项目的合同双方，应该重视合同争议问题，及时而合理地解决新发生的争议，善于排除影响项目实施的一个个障碍。

(1)合同价款争议。在合同实施过程中，尤其是施工遇到特殊困难或工程成本大量超支时，合同双方为了澄清合同责任，保护自己的利益，经常会发生一些纠纷，例如：

1)业主拖期支付工程款或不按合同约定支付工程款引起争议。在施工过程中，有的业主不按合同规定的时限或规定向承包商支付工程进度款，给承包商的资金周转造成很大困难，有时为此不得不投入新的资金或增加贷款，因此经常引起争议。

2)对工程项目合同条件的理解和解释不同

当施工中出现“不利的自然条件”，遇到了特殊风险等重大困难，或者工程变更过多而严重影响工期和工程总造价时，合同双方往往引证合同条件，对合同条款的论述和规定做有利于自己的解释，因而形成了合同争议。

3)在确定新单价时论点不同。当施工过程中出现工程变更或新增工程时，往往会提出确定新单价的问题。单价的变化对合同双方的经济利益影响甚大，因此经常发生争议。虽然，按一般规定，当合同双方在确定新单价不能协商一致时，由工程师确定单价。但该单价是否真正合理，承包商往往有不同的意见。

4)在处理索赔问题时发生争议。在工程施工过程中，当承包商提出索赔要求，业主不予承认，或者业主同意支付的额外付款与承包商索赔的金额差距较大，或双方对工期拖延责任持尖锐的分歧意见、双方不能达成一致时，需要合同双方采取一种或多种公正合理的方式加以解决。在工程承包合同中，合同双方应当明确规定争议的解决方式，但不限于选择一种方式，也可以选择两种甚至两种以上方式。合同应当明确选择解决争议方式的顺序，并规定何种解决争议方式具有最终效力。

(2)质量争议。发包人对工程质量有异议，已竣工验收或已竣工未验收但实际投入使用的工程，其质量争议按该工程保修合同执行；已竣工未验收且未实际投入使用的工程以及停工、停建工程的质量争议，应当就有争议部分的竣工结算暂缓办理，双方可就有争议的工程委托有资质的检测鉴定机构进行检测，根据检测结果确定解决方案，或按工程质量监督机构的处理决定执行，其余部分的竣工结算依照约定办理。

2. 争议解决

当事人对工程造价发生合同纠纷时，可通过下列办法解决：

(1)双方协商确定。所谓协商解决，是指一切造价纠纷通过业主、监理工程师和承包商的共同努力得到解决，即由合同双方根据工程项目的合同文件规定及有关的法律条例，通过友好协商达成一致的解决办法。由于这是一种非对抗性的处理方法，可以避免破坏承包商和业主之间的商业关系，应力求先通过协商加以解决。实践证明，绝大多数争议是可以通过这种办法圆满解决的。

(2)按合同条款约定的办法提请调解。当造价纠纷不可能通过合同双方协商解决时，下一步的途径是寻找中间人(或组织，如工程造价协会或相关行业组织建立的工程合同纠纷调解委员会)或权威管理部门，争取通过中间调解的办法解决争议。调解也是非对抗性的处理方法，在一些关键时刻，通过独立和客观的第三方来达成协议，同样可以保持承包商同业主之间的良好商业关系。其优点是可以避免争议的双方走向法院或仲裁机关，使争端较快地得到解决，又可节约费用，也使争议双方的对立不进一步激化，最终有利于工程项目的建设。

业主和承包商在建设工程施工合同签订时，可以在合同专用条款中约定调解人或调解机构。或者当发生争议且无法协商解决时，寻找一个双方都认可的调解人或调解机构来进行调解。

(3)向有关仲裁机构申请仲裁或向人民法院起诉。当通过协商和调解的方法无法解决争议时，双方均可以按照合同约定，要求通过仲裁或诉讼的方式解决争议。仲裁和诉讼在合同中只能选定一种。

第九章　竣工决算及保修费用的处理

第一节　竣工决算

一、竣工决算的概念

竣工决算是竣工验收报告的重要组成部分，它是以实物量和货币指标为计量单位，综合反映竣工项目从筹建开始到项目竣工交付使用为止的全部建设费用、建设成果和财务情况的总结性文件。竣工决算是正确核定新增固定资产价值，考核分析投资效果，建立健全经济责任制的依据，是反映建设项目实际造价和投资效果的文件。通过竣工决算，既能够正确反映建设工程的实际造价和投资结果；又可以通过竣工决算与概算、预算的对比分析，考核投资控制的工作成效，为工程建设提供重要的技术经济方面的基础资料，提高未来工程建设的投资效益。

二、竣工决算的编制依据

(1)经批准的施工图设计及其施工图预算。

(2)经批准的可行性研究报告、投资估算书。

(3)经批准的初步设计或扩大初步设计。

(4)经批准的总概算及其批复文件。

(5)设计交底或图纸会审会议纪要。

(6)标底造价，承包合同、工程结算等有关资料。

(7)设备、材料调价文件和调价记录。

(8)有关财务的核算制度、办公和其他有关资料。

(9)设计变更记录、施工记录或施工签证单及其他施工发生的费用记录。

(10)历年基建计划、历年财务决算及批复文件。

三、竣工决算的编制要求

编制竣工决算的建设单位要做好以下工作：

(1)为保证竣工决算的完整性,要积累、整理竣工项目资料,因为它是编制竣工决算的基础工作,决定着竣工决算的完整性和质量的好坏。

(2)为保证竣工决算的及时性,要按照规定要求组织竣工验收。

(3)为保证竣工决算的正确性,要仔细清理、核对各项账目。

四、竣工决算的编制程序

竣工决算的编制程序可以用以下方式表达:

收集、整理和分析有关依据材料→清理各项财务、债务和结余物资→核实工程变动情况→编制建设工程竣工决算说明→填写竣工决算报表→做好工程造价对比分析→清理、装订好竣工图→上报主管部门审查。

具体分析如下:

(1)收集、整理和分析有关依据材料。在建设过程中,建设单位必须随时收集项目建设的各种资料,并分析它们的准确性。对各种资料进行系统整理,分类立卷,为编制竣工决算提供完整的数据资料。

(2)清理各项财务、债务和结余物资。对来往款项要及时进行全面清理,做到工程完毕项账目清晰,既要核对账目又要查点库有实物的数量,保证账与物相等,账与账相符。对结余的各种材料、工器具和设备逐项清点核实,妥善管理,并按规定及时处理,收回资金。

(3)核实工程变动情况。重新核实各单位工程、单项工程造价,将竣工资料与原设计图纸进行查对、核实,确认实际变更情况。

(4)编制建设工程竣工决算说明,其主要内容包括以下几点:

1)建设项目概况,对工程总的评价;

2)资金来源及运用等财务分析;

3)基本建设收入、投资包干结余、竣工结余资金的上交分配情况;

4)各项经济技术指标的分析;

5)工程建设的经验及项目管理和财务管理工作以及竣工财务决算中有待解决的问题;

6)需要说明的其他情况。

(5)填写竣工决算报表。建设项目竣工财务决算报表根据大、中型建设项目和小型建设项目分别制定。前者包括:建设项目竣工财务决算审批表,大、中型建设项目概况表,大、中型建设项目竣工财务决算表,大、中型建设项目交付使用资产总表。后者包括:建设项目竣工财务决算审批表、竣工财务决算总表、建设项目交付使用资产明细表。

(6)做好工程造价对比分析,其应分析的主要内容如下所示:主要实物工程量;主要材料消耗量;考核建设单位管理费、措施费和间接费的取费标准。

(7)清理、装订好竣工图。竣工图是真实地记录各种地上、地下建筑物、构筑物等情况的技术文件,是工程进行交工验收、维护改建和扩建的依据,是国家的重要技术档案。

(8)上报主管部门审查。将核对无误、装订成册的建设工程竣工决算文件上报主管部门,并把其中的财务成本部分送交开户银行签证。竣工决算在上报主管部门的同时,抄送有关设计单位。

五、竣工决算的作用

建设项目竣工决算是综合全面地反映竣工项目建设成果及财务情况的总结性文件,它采用货币指标、实物数量、建设工期和各种技术经济指标综合、全面地反映建设项目自开始建设到竣工为止全部建设成果和财务状况。

建设项目竣工决算是办理交付使用资产的依据,也是竣工验收报告的重要组成部分。建设单位与使用单位在办理交付资产的验收交接手续时,通过竣工决算反映了交付使用资产的全部价值,包括固定资产、流动资产、无形资产和其他资产的价值。及时编制竣工决算可以正确核定固定资产价值并及时办理交付使用,可缩短工程建设周期,节约建设项目投资,准确考核和分析投资效果。

建设项目竣工决算是分析和检查设计概算的执行情况,考核建设项目管理水平和投资效果的依据。竣工决算反映了竣工项目计划、实际的建设规模、建设工期以及设计和实际的生产能力,反映了概算总投资和实际的建设成本,同时还反映了所达到的主要技术经济指标。通过对这些指标计划数、概算数与实际数进行对比分析,不仅可以全面掌握建设项目计划和概算执行情况,而且可以考核建设项目投资效果,为今后制订建设项目计划、降低建设成本、提高投资效果提供必要的参考资料。

第二节　保修费用的处理

一、工程质量保证(保修)金的概念

建设工程质量保证(保修)金是指发包人与承包人在建设工程承包合同中约定,从应付的工程款中预留,用以保证承包人在缺陷责任期内对建设工程出现的缺陷进行维修的资金。缺陷是指建设工程质量不符合工程建设强制标准、设计文件,以及承包合同的约定。缺陷责任期一般为 6 个月、12 个月或 24 个月,具体可由发、承包双方在合同中约定。

《建设工程质量保证金管理暂行办法》规定:缺陷责任期从工程通过竣(交)工验收之日起计算。由于承包人原因导致工程无法按规定期限进行竣工验收的,缺陷责任期从实际通过竣(交)工验收之日起计算。由于发包人原因导致工程无法按规定期限竣(交)工验收的,在承包人提交竣(交)工验收报告 90 天后,工程自动进入缺陷责任期。

二、保修的范围与期限

1. 保修的范围

(1)保修的范围一般包括以下内容:

1)内墙抹灰有较大面积起泡、脱落或墙面浆活起碱脱皮问题,外墙粉刷自动脱落问题;

2)水泥地面有较大面积空鼓、裂缝或起砂问题;

3)暖气管线安装不妥,出现局部不热、管线接口处漏水等问题;

4)影响工程使用的地基基础、主体结构等存在质量问题;

5)其他由于施工不良而造成的无法使用或不能正常发挥使用功能的工程部位;

6)各种通水管道(如自来水、热水、污水、雨水等)的漏水问题,各种气体管道的漏气问题,通气孔和烟道的堵塞问题;

7)屋面、地下室、外墙阳台、卫生间、厨房等处的渗水、漏水问题;

8)以及承、发包双方约定的其他项目。

(2)由于用户使用不当而造成建筑功能不良或损坏者,不属于保修范围。

2. 保修的期限

按照国务院《建设工程质量管理条例》第四十条规定:

(1)电气管线、给水排水管道、设备安装和装修工程为 2 年;

(2)供热与供冷系统为 2 个采暖期、供冷期;

(3)屋面防水工程、有防水要求的卫生间、房间和外墙面的防渗漏为 5 年;

(4)基础设施工程、房屋建筑的地基基础工程和主体结构工程,为设计文件规定的该工程的合理使用年限。

其他项目的保修期限由承发包双方在合同中规定,建设工程的保修期自竣工验收合格之日算起。

三、工程质量保证(保修)金的预留与使用

1. 保证(保修)金的预留

《建设工程质量保证金管理暂行办法》规定:建设工程竣工结算后,发包人应

按照合同约定及时向承包人支付工程结算价款并预留保证金。全部或者部分使用政府投资的建设项目,按工程价款结算总额5%左右的比例预留保证金。社会投资项目采用预留保证金方式的,预留保证金的比例可以参照执行。

2. 保证(保修)金的使用及返还

发包人对已接收使用的工程负责日常维护工作。发包人在使用过程中,发现已接收的工程存在新的缺陷或已修复的缺陷部位或部件又遭损坏的,监理人和承包人应共同查清缺陷和(或)损坏的原因。经查明属承包人原因造成的,应由承包人负责维修,并承担修复和查验的费用。

在缺陷责任期内,承包人应对已交付使用的工程承担缺陷责任。如果承包人不维修也不承担费用,或承包人不能在合理时间内修复缺陷的,发包人可自行修复或委托其他人修复,所需费用可按合同约定在保证金中扣除,并由承包人承担违约责任。承包人维修并承担相应费用后,不免除对工程的一般损失赔偿责任。经查明属发包人原因造成的,发包人应承担修复和查验的费用,并支付承包人合理利润。经查明属他人原因造成的缺陷,发包人负责组织维修,承包人不承担费用,且发包人不得从保证金中扣除费用。

由于承包人原因造成某项缺陷或损坏使某项工程或工程设备不能按原定目标使用而需要再次检查、检验和修复的,发包人有权要求承包人相应延长缺陷责任期,但缺陷责任期最长不超过2年。此延长的期限终止后14天内,由监理人向承包人出具经发包人签认的缺陷责任期终止证书,并退还剩余的质量保证金。

缺陷责任期内,承包人认真履行合同约定的责任,到期后,承包人向发包人申请返还保证金。发包人在接到承包人返还保证金申请后,应于14天内会同承包人按照会同约定的内容进行核实。如无异议,发包人应当在核实后14天内将保证金返还承包人,逾期支付的,从逾期之日起,按照同期银行贷款利率计付利息,并承担违约责任。发包人在接到承包人返还保证金申请后14天内不予答复,经催告后14天内仍不予答复,视同认可承包商的返还保证金申请。如果承包人没有认真履行合同约定的保修责任,则发包人可以按照合同约定扣除保证金,并要求承包人赔偿相应的损失。

发包人和承包人对保证金预留、返还以及工程维修质量、费用有争议,按照合同约定的争议和纠纷解决程序处理。

四、保修费用及其处理

根据《中华人民共和国建筑法》的规定,在保修费用的处理问题上,必须根据修理项目的性质、内容以及检查修理等多种因素的实际情况,区别保修责任的承担问题,对于保修的经济责任的确定,应当由有关责任方承担。由建设单位和施工单位共同商定经济处理办法。

(1)承包单位未按国家有关规定、标准和设计要求施工,造成的质量缺陷,由承包单位负责返修并承担经济责任。

(2)由于设计方面的原因造成的质量缺陷,由设计单位承担经济责任,可由施工单位负责维修,其费用按有关规定通过建设单位向设计单位索赔,不足部分由建设单位负责协同有关方解决。

(3)因建筑材料、建筑构配件和设备质量不合格引起的质量缺陷,属于承包单位采购的或经其验收同意的,由承包单位承担经济责任;属于建设单位采购的,由建设单位承担经济责任。

(4)因使用单位使用不当造成的损坏问题,由使用单位自行负责。

(5)因地震、洪水、台风等不可抗拒原因造成的损坏问题,施工单位、设计单位不承担经济责任,由建设单位负责处理。

(6)根据《中华人民共和国建筑法》的规定,在保修费用的处理问题上,必须根据修理项目的性质、内容以及检查修理等多种因素的实际情况,区别保修责任的承担问题,对于保修的经济责任的确定,应当由有关责任方承担,由发包人和承包人共同商定经济处理办法。

根据《中华人民共和国建筑法》第七十五条的规定:①建筑施工企业违反该法规定,不履行保修义务的,责令改正,可处以罚款。②在保修期间因屋顶、墙面渗漏、开裂等质量缺陷,有关责任企业应当依据实际损失给予实物或价值补偿。③因勘察设计原因、监理原因或者建筑材料、建筑构配件和设备等原因造成的质量缺陷,根据民法规定,施工企业可以在保修和赔偿损失之后,向有关责任者追偿。④因发包人或者勘察设计的原因、施工的原因、监理的原因产生的建设质量问题,造成他人损失的,以上单位应当承担相应的赔偿责任。受损害人可以向任何一方要求赔偿,也可以向以上各方提出共同赔偿要求。有关各方之间在赔偿后,可以在查明原因后向真正责任人追偿。⑤因建设工程质量不合格而造成损害的,受损害人有权向责任者要求赔偿。

(7)涉外工程的保修问题,除参照上述办法进行处理外,还应依照原合同条款的有关规定执行。

第十章　建设工程造价管理相关法规与制度

第一节　建设工程造价管理相关法律法规

一、建筑法——《中华人民共和国建筑法》

1. 建筑许可

建筑许可包括建筑工程施工许可和从业资格两个方面：

(1)建筑工程施工许可

1)施工许可证的申领。除国务院建设行政主管部门确定的限额以下的小型工程外，建筑工程开工前，建设单位应当按照国家有关规定向工程所在地县级以上人民政府建设行政主管部门申请领取施工许可证。按照国务院规定的权限和程序批准开工报告的建筑工程，不再领取施工许可证。

申请领取施工许可证，应当具备如下条件：①已办理建筑工程用地批准手续；②在城市规划区内的建筑工程，已取得规划许可证；③需要拆迁的，其拆迁进度符合施工要求；④已经确定建筑施工单位；⑤有满足施工需要的施工图纸及技术资料；⑥有保证工程质量和安全的具体措施；⑦建设资金已经落实；⑧法律、行政法规规定的其他条件。

2)施工许可证的有效期限。建设单位应当自领取施工许可证之日起3个月内开工。因故不能按期开工的，应当向发证机关申请延期；延期以两次为限，每次不超过3个月。既不开工又不申请延期或者超过延期时限的，施工许可证自行废止。

3)中止施工和恢复施工。在建的建筑工程因故中止施工的，建设单位应当自中止施工之日起1个月内，向发证机关报告，并按照规定做好建设工程的维护管理工作。建筑工程恢复施工时，应当向发证机关报告；中止施工满1年的工程恢复施工前，建设单位应当报发证机关核验施工许可证。按照国务院有关规定批准开工报告的建筑工程，因故不能按期开工或者中止施工的，应当及时向批准机关报告情况。因故不能按期开工超过6个月的，应当重新办理开工报告的批准手续。

(2)从业资格

1)单位资质。从事建筑活动的施工企业、勘察、设计和监理单位,按照其拥有的注册资本、专业技术人员、技术装备、已完成的建筑工程业绩等资质条件,划分为不同的资质等级,经资质审查合格,取得相应等级的资质证书后,方可在其资质等级许可的范围内从事建筑活动。

2)专业技术人员资格。从事建筑活动的专业技术人员应当依法取得相应的执业资格证书,并在执业资格证书许可的范围内从事建筑活动。

2. 建筑工程发包与承包

(1)建筑工程发包

1)发包方式。建筑工程依法实行招标发包,对不适于招标发包的可以直接发包。建筑工程实行招标发包的,发包单位应当将建筑工程发包给依法中标的承包单位。建筑工程实行直接发包的,发包单位应当将建筑工程发包给具有相应资质条件的承包单位。政府及其所属部门不得滥用行政权力,限定发包单位将招标发包的建筑工程发包给指定的承包单位。

2)禁止行为。提倡对建筑工程实行总承包,禁止将建筑工程肢解发包。建筑工程的发包单位可以将建筑工程的勘察、设计、施工、设备采购一并发包给一个工程总承包单位。但是,不得将应当由一个承包单位完成的建筑工程肢解成若干部分发包给几个承包单位。

按照合同约定,建筑材料、建筑构配件和设备由工程承包单位采购的,发包单位不得指定承包单位购入用于工程的建筑材料、建筑构配件和设备或者指定生产厂、供应商。

(2)建筑工程承包

1)承包资质。承包建筑工程的单位应当持有依法取得的资质证书,并在其资质等级许可的业务范围内承揽工程。

禁止建筑施工企业超越本企业资质等级许可的业务范围或者以任何形式用其他建筑施工企业的名义承揽工程。禁止建筑施工企业以任何方式允许其他单位或个人使用本企业的资质证书、营业执照,以本企业的名义承揽工程。

2)联合承包。大型建筑工程或结构复杂的建筑工程,可以由两个以上的承包单位联合共同承包。共同承包的各方对承包合同的履行承担连带责任。两个以上不同资质等级的单位实行联合共同承包的,应当按照资质等级低的单位的业务许可范围承揽工程。

3)工程分包。建筑工程总承包单位可以将承包工程中的部分工程发包给具有相应资质条件的分包单位。但是,除总承包合同中已约定的分包外,必须经建设单位认可。施工总承包的，建筑工程主体结构的施工必须由总承包单位自行完成。

建筑工程总承包单位按照总承包合同的约定对建设单位负责；分包单位按照分包合同的约定对总承包单位负责。总承包单位和分包单位就分包工程对建设单位承担连带责任。

4）禁止行为。禁止承包单位将其承包的全部建筑工程转包给他人，或将其承包的全部建筑工程肢解以后以分包的名义分别转包给他人。禁止总承包单位将工程分包给不具备资质条件的单位。禁止分包单位将其承包的工程再分包。

5）建筑工程造价。建筑工程的发包单位与承包单位应当依法订立书面合同，明确双方的权利和义务。建筑工程造价应当按照国家有关规定，由发包单位与承包单位在合同中约定。发包单位和承包单位应当全面履行合同约定的义务。不按照合同约定履行义务的，依法承担违约责任。发包单位应当按照合同的约定，及时拨付工程款项。

3. 建筑工程监理

国家推行建筑工程监理制度。所谓建筑工程监理，是指具有相应资质条件的工程监理单位受建设单位委托，依照法律、行政法规及有关的技术标准、设计文件和建筑工程承包合同，对承包单位在施工质量、建设工期和建设资金使用等方面，代表建设单位实施的监督管理活动。

实行监理的建筑工程，建设单位与其委托的工程监理单位应当订立书面委托监理合同。实施建筑工程监理前，建设单位应当将委托的工程监理单位、监理的内容及监理权限，书面通知被监理的建筑施工企业。工程监理单位应当根据建设单位的委托，客观、公正地执行监理任务。工程监理人员发现工程设计不符合建筑工程质量标准或者合同约定的质量要求的，应当报告建设单位要求设计单位改正；认为工程施工不符合工程设计要求、施工技术标准和合同约定的，有权要求建筑施工企业改正。

4. 建筑安全生产管理

建筑工程安全生产管理必须坚持安全第一、预防为主的方针，建立健全安全生产的责任制度和群防群治制度。

建筑工程设计应当符合按照国家规定制定的建筑安全规程和技术规范，保证工程的安全性能。建筑施工企业在编制施工组织设计时，应当根据建筑工程的特点制定相应的安全技术措施；对专业性较强的工程项目，应当编制专项安全施工组织设计，并采取安全技术措施。

建筑施工企业应当在施工现场采取维护安全、防范危险、预防火灾等措施；有条件的，应当对施工现场实行封闭管理。施工现场对毗邻的建筑物、构筑物和特殊作业环境可能造成损害的，建筑施工企业应当采取措施加以保护。施工现场安全由建筑施工企业负责。实行施工总承包的，由总承包单位负责。分包单位向总承包单位负责，服从总承包单位对施工现场的安全生产管理。建筑施工企业必须为从事危险作业的职工办理意外伤害保险，支付保险费。涉及建筑主体和承重结构变动的装修工程，建设单位应当在施工前委托原设计单位或者具有相应资质条件的设计单位提出设计方案；没有设计方案的，不得施工。房屋拆除应当由具备保证安全条件的建筑施工单位承担，由建筑施工单位负责人对安全负责。

5. 建筑工程质量管理

建设单位不得以任何理由，要求建筑设计单位或建筑施工单位违反法律、行政法规和建筑工程质量、安全标准，降低工程质量，建筑设计单位和建筑施工单位应当拒绝建设单位的此类要求。建筑工程的勘察、设计单位必须对其勘察、设计的质量负责。勘察、设计文件应当符合有关法律、行政法规的规定，建筑工程质量、安全标准，建筑工程勘察、设计技术规范以及合同的约定。设计文件选用的建筑材料、建筑构配件和设备，应当注明其规格、型号、性能等技术指标，其质量要求必须符合国家规定的标准。建筑设计单位对设计文件选用的建筑材料、建筑构配件和设备，不得指定生产厂、供应商。

建筑施工企业对工程的施工质量负责。建筑施工企业必须按照工程设计图纸和施工技术标准施工，不得偷工减料。工程设计的修改由原设计单位负责，建筑施工企业不得擅自修改工程设计。建筑施工企业必须按照工程设计要求、施工技术标准和合同的约定，对建筑材料、构配件和设备进行检验，不合格的不得使用。建筑工程竣工经验收合格后，方可交付使用；未经验收或验收不合格的，不得交付使用。交付竣工验收的建筑工程，必须符合规定的建筑工程质量标准，有完整的工程技术经济资料和经签署的工程保修书，并具备国家规定的其他竣工条件。建筑工程实行质量保修制度，保修内容及保修期限应该按建筑法及其有关规定进行。

二、合同法——《中华人民共和国合同法》

1. 合同的主体

《合同法》中所列的平等主体有三类，即：自然人、法人和其他组织。

（1）自然人是指基于出生而依法成为民事法律关系主体的人。在我国《中华人民共和国民法通则》（以下简称《民法通则》）中，公民与自然人在法律地位上是一样的。但是，自然人的范围要比公民的范围广。公民是指具有本国国籍，依法享有法律所赋予的权利和承担法律所规定的义务的人。在我国，公民是社会中具有中华人民共和国国籍的一切成员。自然人则既包括公民，又包括外国人和无国籍的人。

(2)法人是指具有民事权利能力和民事行为能力,依法独立享有民事权利和承担民事义务的组织。法人须具备的条件包括:①依法成立;②有必要的财产或者经费;③有自己的名称、组织机构和场所;④能够独立承担民事责任。我国《民法通则》将法人分为两大类,即:企业法人和非企业法人。

1)企业法人。是指以从事生产、流通、科技等活动为内容,以获取盈利和增加积累、创造社会财富为目的的盈利性社会经济组织。在我国社会经济生活中,活动最频繁的是企业法人,合同中最主要的当事人也是企业法人。

2)非企业法人。是指为了实现国家对社会的管理及其他公益目的而设立的国家机关、事业单位或者社会团体。包括:国家机关法人、事业单位法人和社会团体法人。

(3)其他组织是指依法或者依据有关政策成立,有一定的组织机构和财产,但又不具备法人资格的各类组织。赋予这些组织以合同主体的资格,有利于保护其合法权益,规范其外部行为,维护正常的社会经济秩序。

2. 合同法的构成

《合同法》由总则、分则和附则三部分组成。

总则包括一般规定、合同的订立、合同的效力、合同的履行、合同的变更和转让、合同的权利义务终止、违约责任、其他规定。分则按照合同标的不同,将合同分为15类,即:买卖合同;供用电、水、气、热力合同;赠与合同;借款合同;租赁合同;融资租赁合同;承揽合同;建设工程合同;运输合同;技术合同;保管合同;仓储合同;委托合同;行纪合同;居间合同。

3. 合同的基本原则

(1)平等的原则

在合同法律关系中,当事人之间在合同的订立、履行和承担违约责任等方面,都处于平等的法律地位,彼此的权利义务对等。不论是自然人、法人还是其他组织,不论所有制性质和经济实力,不论有无上下级隶属关系,合同一方当事人不得将自己的意志强加给另一方当事人。

(2)自愿的原则

自然人、法人及其他组织是否签订合同、与谁签订合同以及合同的内容和形式,除法律另有规定外,完全取决于当事人的自由意志,任何单位和个人不得非法干预。合同的自愿原则体现了民事活动的基本特征,是合同关系不同于行政法律关系、刑事法律关系的重要标志。

(3)公平的原则

当事人设定民事权利和义务,承担民事责任等时要公正、公允,合情合理。

不允许在订立、履行、终止合同关系时偏袒一方。合同的公平原则要求当事人依据社会公认的公平观念从事民事活动，体现了社会公共道德的要求。

(4)诚实信用的原则

当事人在订立、履行合同的全过程中，都应当以真诚的善意，相互协作、密切配合、实事求是、讲究信誉，全面地履行合同所规定的各项义务。诚实信用原则的本质是将道德规范和法律规范合为一体，兼有法律调节和道德调节的双重职能。

(5)合法的原则

当事人订立、履行合同时，应当符合法律和行政法规的规定，符合社会公德的要求，这样既有利于维护社会经济秩序，又有利于维护社会公共利益。违背了合法原则，合同就失去了法律效力，也就无法得到法律的保护。

4. 合同的订立

当事人订立合同，应当具有相应的民事权利能力和民事行为能力。订立合同，必须以依法订立为前提，使所订立的合同成为双方履行义务、享有权利、受法律约束和请求法律保护的契约文书。当事人依法可以委托代理人订立合同。所谓委托代理人订立合同，是指当事人委托他人以自己的名义与第三人签订合同，并承担由此产生的法律后果的行为。

(1)合同的形式和内容

1)合同的形式。当事人订立合同，有书面形式、口头形式和其他形式。法律、行政法规规定采用书面形式的，应当采用书面形式。当事人约定采用书面形式的，应当采用书面形式。建设工程合同应当采用书面形式。

2)合同的内容。合同内容是指当事人之间就设立、变更或者终止权利义务关系表示一致的意思。合同内容通常称为合同条款。

合同的内容由当事人约定，一般包括：当事人的名称或姓名和住所；标的；数量；质量；价款或者报酬；履行的期限、地点和方式；违约责任；解决争议的方法。当事人可以参照各类合同的示范文本订立合同。

(2)合同订立的程序。当事人订立合同，应当采取要约、承诺方式。

1)要约

①要约及其有效的条件。要约是希望和他人订立合同的意思表示。要约应当符合如下规定：内容具体确定；表明经受要约人承诺，要约人即受该意思表示约束。也就是说，要约必须是特定人的意思表示，必须是以缔结合同为目的，必须具备合同的主要条款。

有些合同在要约之前还会有要约邀请。所谓要约邀请，是希望他人向自己发出要约的意思表示。要约邀请并不是合同成立过程中的必经过程，它是当事人订立合同的预备行为，这种意思表示的内容往往不确定，不含有合同得以成立的主要内容和相对人同意后受其约束的表示，在法律上无需承担责任。寄送的价目表、拍卖公告、招标公告、招股说明书、商业广告等为要约邀请。商业广告的内容符合要约规定的，视为要约。

②要约的生效。要约到达受要约人时生效。如采用数据电文形式订立合同，收件人指定特定系统接收数据电文的，该数据电文进入该特定系统的时间，视为到达时间；未指定特定系统的，该数据电文进入收件人的任何系统的首次时间，视为到达时间。

③要约的撤回和撤销。要约可以撤回，撤回要约的通知应当在要约到达受要约人之前或者与要约同时到达受要约人。

要约可以撤销。撤销要约的通知应当在受要约人发出承诺通知之前到达受要约人。但有下列情形之一的，要约不得撤销：要约人确定了承诺期限或者以其他形式明示要约不可撤销；受要约人有理由认为要约是不可撤销的，并已经为履行合同做了准备工作。

④要约的失效。有下列情形之一的，要约失效：拒绝要约的通知到达要约人；要约人依法撤销要约；承诺期限届满，受要约人未作出承诺；受要约人对要约的内容作出实质性变更。

2)承诺。承诺是受要约人同意要约的意思表示。除根据交易习惯或者要约表明可以通过行为作出承诺的之外，承诺应当以通知的方式作出。

①承诺的期限。承诺应当在要约确定的期限内到达要约人。要约没有确定承诺期限的，承诺应当依照下列规定到达：除非当事人另有约定，以对话方式作出的要约，应当即时作出承诺；以非对话方式作出的要约，承诺应当在合理期限内到达。

以信件或者电报作出的要约，承诺期限自信件载明的日期或者电报交发之日开始计算。信件未载明日期的，自投寄该信件的邮戳日期开始计算。以电话、传真等快速通讯方式作出的要约，承诺期限自要约到达受要约人时开始计算。

②承诺的生效。承诺通知到达要约人时生效。承诺不需要通知的，根据交易习惯或者要约的要求作出承诺的行为时生效。采用数据电文形式订立合同的，承诺到达的时间适用于要约到达受要约人时间的规定。

受要约人在承诺期限内发出承诺，按照通常情形能够及时到达要约人，但因其他原因承诺到达要约人时超过承诺期限的，除要约人及时通知受要约人因承诺超过期限不接受该承诺的以外，该承诺有效。

③承诺的撤回。承诺可以撤回，撤回承诺的通知应当在承诺通知到达要约人之前或者与承诺通知同时到达要约人。

④逾期承诺。受要约人超过承诺期限发出承诺的，除要约人及时通知受要约人该承诺有效的以外，为新要约。

⑤要约内容的变更。承诺的内容应当与要约的内容一致。有关合同标的、数量、质量、价款或者报酬、履行期限、履行地点和方式、违约责任和解决争议方法等的变更，是对要约内容的实质性变更。受要约人对要约的内容作出实质性变更的，为新要约。

承诺对要约的内容作出非实质性变更的，除要约人及时表示反对或者要约表明承诺不得对要约的内容作出任何变更的以外，该承诺有效，合同的内容以承诺的内容为准。

(3)合同的成立。承诺生效时合同成立。

1)合同成立的时间。当事人采用合同书形式订立合同的，自双方当事人签字或者盖章时合同成立。当事人采用信件、数据电文等形式订立合同的，可以在合同成立之前要求签订确认书。签订确认书时合同成立。

2)合同成立的地点。承诺生效的地点为合同成立的地点。采用数据电文形式订立合同的，收件人的主营业地为合同成立的地点；没有主营业地的，其经常居住地为合同成立的地点。当事人另有约定的，按照其约定。当事人采用合同书形式订立合同的，双方当事人签字或者盖章的地点为合同成立的地点。

3)合同成立的其他情形。合同成立的情形还包括：

①法律、行政法规规定或者当事人约定采用书面形式订立合同，当事人未采用书面形式但一方已经履行主要义务，对方接受的。

②采用合同书形式订立合同，在签字或者盖章之前，当事人一方已经履行主要义务，对方接受的。

(4)格式条款。格式条款是当事人为了重复使用而预先拟定，并在订立合同时未与对方协商条款。

1)格式条款提供者的义务。采用格式条款订立合同，有利于提高当事人双方合同订立过程的效率、减少交易成本、避免合同订立过程中因当事人双方一事一议而可能造成的合同内容的不确定性。但格式条款的提供者往往在经济地位方面具有明显的优势，在行业中居于垄断地位，因而导致其在拟定格式条款时，会更多地考虑自己的利益，而较少考虑另一方当事人的权利或者附加种种限制条件。为此，提供格式条款的一方应当遵循公平的原则确定当事人之间的权利义务关系，并采取合理的方式提请对方注意免除或限制其责任的条款，按照对方的要求，对该条款予以说明。

2)格式条款无效。提供格式条款一方免除自己责任、加重对方责任、排除对方主要权利的，该条款无效。此外，《合同法》规定的合同无效的情形，同样适用于格式合同条款。

3)格式条款的解释。对格式条款的理解发生争议的,应当按照通常理解予以解释。对格式条款有两种以上解释的,应当作出不利于提供格式条款一方的解释。格式条款和非格式条款不一致的,应当采用非格式条款。

(5)缔约过失责任发生于合同不成立或者合同无效的缔约过程。其构成条件:一是当事人有过错。若无过错,则不承担责任。二是有损害后果的发生。若无损失,亦不承担责任。三是当事人的过错行为与造成的损失有因果关系。

当事人在订立合同过程中有下列情形之一,给对方造成损失的,应当承担损害赔偿责任:

1)假借订立合同,恶意进行磋商;

2)故意隐瞒与订立合同有关的重要事实或者提供虚假情况;

3)有其他违背诚实信用原则的行为。

当事人在订立合同过程中知悉的商业秘密,无论合同是否成立,不得泄露或者不正当地使用。泄露或者不正当地使用该商业秘密给对方造成损失的,应当承担损害赔偿责任。

5. 合同的效力

(1)合同生效。合同生效与合同成立是两个不同的概念。合同的成立,是指双方当事人依照有关法律对合同的内容进行协商并达成一致的意见。合同成立的判断依据是承诺是否生效。合同生效,是指合同产生法律上的效力,具有法律约束力。在通常情况下,合同依法成立之时,就是合同生效之日,二者在时间上是同步的。但有些合同在成立后,并非立即产生法律效力,而是需要其他条件成就之后,才开始生效。

1)合同生效的时间。依法成立的合同,自成立时生效。依照法律、行政法规规定应当办理批准、登记等手续的,待手续完成时合同生效。

2)附条件和附期限的合同。

①附条件的合同。当事人对合同的效力可以约定附条件。附生效条件的合同,自条件成就时生效。附解除条件的合同,自条件成就时失效。当事人为自己的利益不正当地阻止条件成就的,视为条件已成就;不正当地促成条件成就的,视为条件不成就。

②附期限的合同。当事人对合同的效力可以约定附期限。附生效期限的合同,自期限届至时生效。附终止期限的合同,自期限届满时失效。

(2)效力待定合同。效力待定合同是指合同已经成立,但合同效力能否产生尚不能确定的合同。效力待定合同主要是由于当事人缺乏缔约能力、财产处分能力或代理人的代理资格和代理权限存在缺陷所造成的。效力待定合同包括:

限制民事行为能力人订立的合同和无权代理人代订的合同。

1)限制民事行为能力人订立的合同。根据我国《民法通则》,限制民事行为能力人是指10周岁以上不满18周岁的未成年人,以及不能完全辨认自己行为的精神病人。限制民事行为能力人订立的合同,经法定代理人追认后,该合同有效,但纯获利益的合同或者与其年龄、智力、精神健康状况相适应而订立的合同,不必经法定代理人追认。

由此可见,限制民事行为能力人订立的合同并非一律无效,在以下几种情形下订立的合同是有效的:①经过其法定代理人追认的合同,即为有效合同;②纯获利益的合同,即限制民事行为能力人订立的接受奖励、赠与、报酬等只需获得利益而不需其承担任何义务的合同,不必经其法定代理人追认,即为有效合同;③与限制民事行为能力人的年龄、智力、精神健康状况相适应而订立的合同,不必经其法定代理人追认,即为有效合同。

与限制民事行为能力人订立合同的相对人可以催告法定代理人在1个月内予以追认。法定代理人未作表示的,视为拒绝追认。合同被追认之前,善意相对人有撤销的权利。撤销应当以通知的方式作出。

2)无权代理人代订的合同。无权代理人代订的合同主要包括行为人没有代理权、超越代理权限范围或者代理权终止后仍以被代理人的名义订立的合同。

①无权代理人代订的合同对被代理人不发生效力的情形。行为人没有代理权、超越代理权或者代理权终止后以被代理人名义订立的合同,未经被代理人追认,对被代理人不发生效力,由行为人承担责任。

与无权代理人签订合同的相对人可以催告被代理人在1个月内予以追认。被代理人未作表示的,视为拒绝追认。合同被追认之前,善意相对人有撤销的权利。撤销应当以通知的方式作出。

无权代理人代订的合同是否对被代理人发生法律效力,取决于被代理人的态度。与无权代理人签订合同的相对人催告被代理人在1个月内予以追认时,被代理人未作表示或表示拒绝的,视为拒绝追认,该合同不生效。被代理人表示予以追认的,该合同对被代理人发生法律效力。在催告开始至被代理人追认之前,该合同对于被代理人的法律效力处于待定状态。

②无权代理人代订的合同对被代理人具有法律效力的情形。行为人没有代理权、超越代理权或者代理权终止后以被代理人名义订立合同,相对人有理由相信行为人有代理权的,该代理行为有效。这是《合同法》针对表见代理情形所作出的规定。所谓表见代理,是善意相对人通过被代理人的行为足以相信无权代理人具有代理权的情形。

在通过表见代理订立合同的过程中,如果相对人无过错,即相对人不知道或者不应当知道(无义务知道)无权代理人没有代理权时,使相对人相信无权代理人具有代理权的理由是否正当、充分,就成为是否构成表见代理的关键。如果确实存在充分、正当的理由并足以使相对人相信无权代理人具有代理权,则无权代理人的代理行为有效,即无权代理人通过其表见代理行为与相对人订立的合同具有法律效力。

③法人或者其他组织的法定代表人、负责人超越权限订立的合同的效力。法人或者其他组织的法定代表人、负责人超越权限订立的合同,除相对人知道或者应当知道其超越权限的以外,该代表行为有效。这是因为法人或者其他组织的法定代表人、负责人的身份应当被视为法人或者其他组织的全权代理人,他们完全有资格代表法人或者其他组织为民事行为而不需要获得法人或者其他组织的专门授权,其代理行为的法律后果由法人或者其他组织承担。但是,如果相对人知道或者应当知道法人或者其他组织的法定代表人、负责人在代表法人或者其他组织与自己订立合同时超越其代表(代理)权限,仍然订立合同的,该合同将不具有法律效力。

④无处分权的人处分他人财产合同的效力。在现实经济活动中,通过合同处分财产(如赠与、转让、抵押、留置等)是常见的财产处分方式。当事人对财产享有处分权是通过合同处分财产的必要条件。无处分权的人处分他人财产的合同一般为无效合同。但是,无处分权的人处分他人财产,经权利人追认或者无处分权的人订立合同后取得处分权的,该合同有效。

(3)无效合同。无效合同是指其内容和形式违反了法律、行政法规的强制性规定,或者损害了国家利益、集体利益、第三人利益和社会公共利益,因而不为法律所承认和保护、不具有法律效力的合同。无效合同自始没有法律约束力。在现实经济活动中,无效合同通常有两种情形,即整个合同无效(无效合同)和合同的部分条款无效。

1)无效合同的情形。有下列情形之一的,合同无效:

①一方以欺诈、胁迫的手段订立合同,损害国家利益;

②恶意串通,损害国家、集体或第三人利益;

③以合法形式掩盖非法目的;

④损害社会公共利益;

⑤违反法律、行政法规的强制性规定。

2)合同部分条款无效的情形。合同中的下列免责条款无效:

①造成对方人身伤害的;

②因故意或者重大过失造成对方财产损失的。

免责条款是当事人在合同中规定的某些情况下免除或者限制当事人所负未

来合同责任的条款。在一般情况下,合同中的免责条款都是有效的。但是,如果免责条款所产生的后果具有社会危害性和侵权性,侵害了对方当事人的人身权利和财产权利,则该免责条款将不具有法律效力。

(4)可变更或者可撤销的合同。可变更、可撤销合同是指欠缺一定的合同生效条件,但当事人一方可依照自己的意思使合同的内容得以变更或者使合同的效力归于消灭的合同。可变更、可撤销合同的效力取决于当事人的意思,属于相对无效的合同。当事人根据其意思,若主张合同有效,则合同有效;若主张合同无效,则合同无效;若主张合同变更,则合同可以变更。

1)合同可以变更或者撤销的情形。当事人一方有权请求人民法院或者仲裁机构变更或者撤销的合同有:

①因重大误解订立的;

②在订立合同时显失公平的。

一方以欺诈、胁迫的手段或者乘人之危,使对方在违背真实意思的情况下订立的合同,受损害方有权请求人民法院或者仲裁机构变更或者撤销。当事人请求变更的,人民法院或者仲裁机构不得撤销。

2)撤销权的消灭。撤销权是指受损害的一方当事人对可撤销的合同依法享有的、可请求人民法院或仲裁机构撤销该合同的权利。享有撤销权的一方当事人称为撤销权人。撤销权应由撤销权人行使,并应向人民法院或者仲裁机构主张该项权利。而撤销权的消灭是指撤销权人依照法律享有的撤销权由于一定法律事由的出现而归于消灭的情形。

有下列情形之一的,撤销权消灭:

①具有撤销权的当事人自知道或者应当知道撤销事由之日起 1 年内没有行使撤销权。

②具有撤销权的当事人知道撤销事由后明确表示或者以自己的行为放弃撤销权。由此可见,当具有法律规定的可以撤销合同的情形时,当事人应当在规定的期限内行使其撤销权,否则,超过法律规定的期限时,撤销权归于消灭。此外,若当事人放弃撤销权,则撤销权也归于消灭。

3)无效合同或者被撤销合同的法律后果。无效合同或者被撤销的合同自始没有法律约束力。合同部分无效,不影响其他部分效力的,其他部分仍然有效。合同无效、被撤销或者终止的,不影响合同中独立存在的有关解决争议方法的条款的效力。

合同无效或被撤销后,履行中的合同应当终止履行;尚未履行的,不得履行。对当事人依据无效合同或者被撤销的合同而取得的财产应当依法进行如下处理:

①返还财产或折价补偿。当事人依据无效合同或者被撤销的合同所取得的财产,应当予以返还;不能返还或者没有必要返还的,应当折价补偿。

②赔偿损失。合同被确认无效或者被撤销后,有过错的一方应赔偿对方因此所受到的损失。双方都有过错的,应当各自承担相应的责任。

③收归国家所有或者返还集体、第三人。当事人恶意串通,损害国家、集体或者第三人利益的,取得的财产收归国家所有或者返还集体、第三人。

6. 合同的履行

合同履行是指合同生效后,合同当事人为实现订立合同欲达到的预期目的而依照合同全面、适当地完成合同义务的行为。

(1)合同履行的原则

1)全面履行原则。当事人应当按照合同约定全面履行自己的义务,即当事人应当严格按照合同约定的标的、数量、质量,由合同约定的履行义务的主体在合同约定的履行期限、履行地点,按照合同约定的价款或者报酬、履行方式,全面地完成合同所约定的属于自己的义务。

全面履行原则不允许合同的任何一方当事人不按合同约定履行义务,擅自对合同的内容进行变更,以保证合同当事人的合法权益。

2)诚实信用原则。当事人应当遵循诚实信用原则,根据合同的性质、目的和交易习惯履行通知、协助、保密等义务。

诚实信用原则要求合同当事人在履行合同过程中维持合同双方的合同利益平衡,以诚实、真诚、善意的态度行使合同权利、履行合同义务,不对另一方当事人进行欺诈,不滥用权利。诚实信用原则还要求合同当事人在履行合同约定的主义务的同时,履行合同履行过程中的附随义务:

①及时通知义务。有些情况需要及时通知对方的,当事人一方应及时通知对方。

②提供必要条件和说明的义务。需要当事人提供必要的条件和说明的,当事人应当根据对方的需要提供必要的条件和说明。

③协助义务。需要当事人一方予以协助的,当事人一方应尽可能地为对方提供所需要的协助。

④保密义务。需要当事人保密的,当事人应当保守其在订立和履行合同过程中所知悉的对方当事人的商业秘密、技术秘密等。

(2)合同履行的一般规定

1)合同有关内容没有约定或者约定不明确问题的处理。合同生效后,当事人就质量、价款或者报酬、履行地点等内容没有约定或者约定不明确的,可以协议补充;不能达成补充协议的,按照合同有关条款或者交易习惯确定。

依照上述基本原则和方法仍不能确定合同有关内容的，应当按照下列方法处理：

①质量要求不明确问题的处理方法。质量要求不明确的，按照国家标准、行业标准履行；没有国家标准、行业标准的，按照通常标准或者符合合同目的的特定标准履行。

②价款或者报酬不明确问题的处理方法。价款或者报酬不明确的，按照订立合同时履行地的市场价格履行；依法应当执行政府定价或者政府指导价的，在合同约定的交付期限内政府价格调整时，按照交付时的价格计价。逾期交付标的物的，遇价格上涨时，按照原价格执行；价格下降时，按照新价格执行。逾期提取标的物或者逾期付款的，遇价格上涨时，按照新价格执行；价格下降时，按照原价格执行。

③履行地点不明确问题的处理方法。履行地点不明确，给付货币的，在接受货币一方所在地履行；交付不动产的，在不动产所在地履行；其他标的，在履行义务一方所在地履行。

④履行期限不明确问题的处理方法。履行期限不明确的，债务人可以随时履行，债权人也可以随时要求履行，但应当给对方必要的准备时间。

⑤履行方式不明确问题的处理方法。履行方式不明确的，按照有利于实现合同目的的方式履行。

⑥履行费用的负担不明确问题的处理方法。履行费用的负担不明确的，由履行义务一方负担。

2)合同履行中的第三人。在通常情况下，合同必须由当事人亲自履行。但根据法律的规定及合同的约定，或者在与合同性质不相抵触的情况下，合同可以向第三人履行，也可以由第三人代为履行。向第三人履行合同或者由第三人代为履行合同，不是合同义务的转移，当事人在合同中的法律地位不变。

①向第三人履行合同。当事人约定由债务人向第三人履行债务的，债务人未向第三人履行债务或者履行债务不符合约定，应当向债权人承担违约责任。

②由第三人代为履行合同。当事人约定由第三人向债权人履行债务的，第三人不履行债务或者履行债务不符合约定，债务人应当向债权人承担违约责任。

3)合同履行过程中几种特殊情况的处理。

①因债权人分立、合并或者变更住所致使债务人履行债务发生困难的情况。合同当事人一方发生分立、合并或者变更住所等情况时，有义务及时通知对方当事人，以免给合同的履行造成困难。债权人分立、合并或者变更住所没有通知债务人，致使履行债务发生困难的，债务人可以中止履行或者将标的物提存。所谓提存，是指由于债权人的原因致使债务人难以履行债务时，债务人可以将标的物

交给有关机关保存，以此消灭合同的行为。

②债务人提前履行债务的情况。债务人提前履行债务是指债务人在合同规定的履行期限届至之前即开始履行自己的合同义务的行为。债权人可以拒绝债务人提前履行债务，但提前履行不损害债权人利益的除外。债务人提前履行债务给债权人增加的费用，由债务人负担。

③债务人部分履行债务的情况。债务人部分履行债务是指债务人没有按照合同约定履行合同规定的全部义务，而只是履行了自己的一部分合同义务的行为。债权人可以拒绝债务人部分履行债务，但部分履行不损害债权人利益的除外。债务人部分履行债务给债权人增加的费用，由债务人负担。

4)合同生效后合同主体发生变化时的合同效力。合同生效后，当事人不得因姓名、名称的变更或者法定代表人、负责人、承办人的变动而不履行合同义务。因为当事人的姓名、名称只是作为合同主体的自然人、法人或者其他组织的符号，并非自然人、法人或者其他组织本身，其变更并未使原合同主体发生实质性变化，因而合同的效力也未发生变化。

7. 合同的变更和转让

(1)合同的变更。合同的变更有广义和狭义之分。广义的合同变更是指合同法律关系的主体和合同内容的变更。狭义的合同变更仅指合同内容的变更，不包括合同主体的变更。

合同主体的变更是指合同当事人的变动，即原来的合同当事人退出合同关系而由合同以外的第三人替代，第三人成为合同的新当事人。合同主体的变更实质上就是合同的转让。合同内容的变更是指在合同成立以后、履行之前或者在合同履行开始之后尚未履行完毕之前，合同当事人对合同内容的修改或者补充。《合同法》所指的合同变更是指合同内容的变更。合同变更可分为协议变更和法定变更。

1)协议变更。当事人协商一致，可以变更合同。法律、行政法规规定变更合同应当办理批准、登记等手续的，应当办理相应的批准、登记手续。当事人对合同变更的内容约定不明确的，推定为未变更。

2)法定变更。在合同成立后，当发生法律规定的可以变更合同的事由时，可根据一方当事人的请求对合同内容进行变更而不必征得对方当事人的同意。但这种变更合同的请求须向人民法院或者仲裁机构提出。

(2)合同的转让。合同转让是指合同一方当事人取得对方当事人同意后，将合同的权利义务全部或者部分转让给第三人的法律行为。合同的转让包括权利(债权)转让、义务(债务)转移和权利义务概括转让三种情形。法律、行政法规规定转让权利或者转移义务应当办理批准、登记等手续的，应办理相应的批准、登记手续。

1)合同债权转让。债权人可以将合同的权利全部或者部分转让给第三人，但下列三种情形不得转让：①根据合同性质不得转让；②按照当事人约定不得转让；③依照法律规定不得转让。

债权人转让权利的，债权人应当通知债务人。未经通知，该转让对债务人不发生效力。除非经受让人同意，否则，债权人转让权利的通知不得撤销。

合同债权转让后，该债权由原债权人转移给受让人，受让人取代让与人(原债权人)成为新债权人，依附于主债权的从债权也一并移转给受让人，例如抵押权、留置权等，但专属于原债权人自身的从债权除外。

为保护债务人利益，不致使其因债权转让而蒙受损失，债务人接到债权转让通知后，债务人对让与人的抗辩，可以向受让人主张；债务人对让与人享有债权，并且债务人的债权先于转让的债权到期或者同时到期的，债务人可以向受让人主张抵消。

2)合同债务转移。债务人将合同的义务全部或者部分转移给第三人的，应当经债权人同意。

债务人转移义务后，原债务人享有的对债权人的抗辩权也随债务转移而由新债务人享有，新债务人可以主张原债务人对债权人的抗辩。债务人转移义务的，新债务人应当承担与主债务有关的从债务，但该从债务专属于原债务人自身的除外。

3)合同权利义务的概括转让。当事人一方经对方同意，可以将自己在合同中的权利和义务一并转让给第三人。权利和义务一并转让的，适用上述有关债权转让和债务转移的有关规定。

此外，当事人订立合同后合并的，由合并后的法人或者其他组织行使合同权利，履行合同义务。当事人订立合同后分立的，除债权人和债务人另有约定的以外，由分立的法人或者其他组织对合同的权利和义务享有连带债权，承担连带债务。

8. 合同的权利义务终止

(1)合同的权利义务终止的原因。合同的权利义务终止又称为合同的终止或者合同的消灭，是指因某种原因而引起的合同权利义务关系在客观上不复存在。

有下列情形之一的，合同的权利义务终止：①债务已经按照约定履行；②合同解除；③债务相互抵消；④债务人依法将标的物提存；⑤债权人免除债务；⑥债权债务同归于一人；⑦法律规定或者当事人约定终止的其他情形。

债权人免除债务人部分或者全部债务的，合同的权利义务部分或者全部终止；债权和债务同归于一人的，合同的权利义务终止，但涉及第三人利益的除外。

合同的权利义务终止，不影响合同中结算和清理条款的效力。合同的权利义务终止后，当事人应当遵循诚实信用原则，根据交易习惯履行通知、协助、保密等义务。

(2)合同解除。合同解除是指合同有效成立后，在尚未履行或者尚未履行完毕之前，因当事人一方或者双方的意思表示而使合同的权利义务关系(债权债务关系)自始消灭或者向将来消灭的一种民事行为。

合同解除后，尚未履行的，终止履行；已经履行的，根据履行情况和合同性质，当事人可以要求恢复原状、采取其他补救措施，并有权要求赔偿损失。

(3)标的物的提存。有下列情形之一，难以履行债务的，债务人可以将标的物提存：①债权人无正当理由拒绝受领；②债权人下落不明；③债权人死亡未确定继承人或者丧失民事行为能力未确定监护人；④法律规定的其他情形。

标的物不适于提存或者提存费用过高的，债务人可以依法拍卖或者变卖标的物，提存所得的价款。

债权人可以随时领取提存物，但债权人对债务人负有到期债务的，在债权人未履行债务或提供担保之前，提存部门根据债务人的要求应当拒绝其领取提存物。

债权人领取提存物的权利期限为5年，超过该期限，提存物扣除提存费用后归国家所有。

9. 违约责任

(1)违约责任及其特点。违约责任是指合同当事人不履行或者不适当履行合同义务所应承担的民事责任。当事人一方明确表示或者以自己的行为表明不履行合同义务的，对方可以在履行期限届满之前要求其承担违约责任。违约责任具有以下特点：

1)以有效合同为前提。与侵权责任和缔约过失责任不同，违约责任必须以当事人双方事先存在的有效合同关系为前提。

2)以合同当事人不履行或者不适当履行合同义务为要件。只有合同当事人不履行或者不适当履行合同义务时，才应承担违约责任。

3)可由合同当事人在法定范围内约定。违约责任主要是一种赔偿责任，因此，可由合同当事人在法律规定的范围内自行约定。

4)违约责任是一种民事赔偿责任。首先，它是由违约方向守约方承担的民事责任，无论是违约金还是赔偿金，均是平等主体之间的支付关系；其次，违约责任的确定，通常应以补偿守约方的损失为标准。

(2)违约责任的承担方式。当事人一方不履行合同义务或者履行合同义务不符合约定的，应当承担继续履行、采取补救措施或者赔偿损失等违约责任。

1)继续履行。继续履行是指在合同当事人一方不履行合同义务或者履行合同义务不符合合同约定时,另一方合同当事人有权要求其在合同履行期限届满后继续按照原合同约定的主要条件履行合同义务的行为。继续履行是合同当事人一方违约时,其承担违约责任的首选方式。

①违反金钱债务时的继续履行。当事人一方未支付价款或者报酬的,对方可以要求其支付价款或者报酬。

②违反非金钱债务时的继续履行。当事人一方不履行非金钱债务或者履行非金钱债务不符合约定的,对方可以要求履行,但有下列情形之一的除外:法律上或者事实上不能履行;债务的标的不适于强制履行或者履行费用过高;债权人在合理期限内未要求履行。

2)采取补救措施。如果合同标的物的质量不符合约定的,应当按照当事人的约定承担违约责任。对违约责任没有约定或者约定不明确的,可以协议补充;不能达成补充协议的,按照合同有关条款或者交易习惯确定。依照上述办法仍不能确定的,受损害方根据标的的性质以及损失的大小,可以合理选择要求对方承担修理、更换、重作、退货、减少价款或者报酬等违约责任。

3)赔偿损失。当事人一方不履行合同义务或者履行合同义务不符合约定的,在履行义务或者采取补救措施后,对方还有其他损失的,应当赔偿损失。损失赔偿额应当相当于因违约所造成的损失,包括合同履行后可以获得的利益,但不得超过违反合同一方订立合同时预见到或者应当预见到的因违反合同可能造成的损失。

当事人一方违约后,对方应当采取适当措施防止损失的扩大;没有采取适当措施致使损失扩大的,不得就扩大的损失要求赔偿。当事人因防止损失扩大而支出的合理费用,由违约方承担。

经营者对消费者提供商品或者服务有欺诈行为的,依照《中华人民共和国消费者权益保护法》的规定承担损害赔偿责任。

4)违约金。当事人可以约定一方违约时应当根据违约情况向对方支付一定数额的违约金,也可以约定因违约产生的损失赔偿额的计算方法。约定的违约金低于造成的损失的,当事人可以请求人民法院或者仲裁机构予以增加;约定的违约金过分高于造成的损失的,当事人可以请求人民法院或者仲裁机构予以适当减少。

当事人就迟延履行约定违约金的,违约方支付违约金后,还应当履行债务。

5)定金。当事人可以依照《中华人民共和国担保法》约定一方向对方给付定金作为债权的担保。债务人履行债务后,定金应当抵作价款或者收回。给付定金的一方不履行约定的债务的,无权要求返还定金;收受定金的一方不履行约定的债务的，应当双倍返还定金。

当事人既约定违约金，又约定定金的，一方违约时，对方可以选择适用违约金或者定金条款。

(3)违约责任的承担主体

1)合同当事人双方违约时违约责任的承担。当事人双方都违反合同的，应当各自承担相应的责任。

2)因第三人原因造成违约时违约责任的承担。当事人一方因第三人的原因造成违约的，应当向对方承担违约责任。当事人一方和第三人之间的纠纷，依照法律规定或者依照约定解决。

3)违约责任与侵权责任的选择。因当事人一方的违约行为，侵害对方人身、财产权益的，受损害方有权选择依照《合同法》要求其承担违约责任或者依照其他法律要求其承担侵权责任。

(4)不可抗力。不可抗力是指不能预见、不能避免并不能克服的客观情况。因不可抗力不能履行合同的，根据不可抗力的影响，部分或者全部免除责任，但法律另有规定的除外。当事人迟延履行后发生不可抗力的，不能免除责任。

当事人一方因不可抗力不能履行合同的，应当及时通知对方，以减轻可能给对方造成的损失，并应当在合理期限内提供证明。

10. 合同争议的解决

合同争议是指合同当事人之间对合同履行状况和合同违约责任承担等问题所产生的意见分歧。合同争议的解决方式有和解、调解、仲裁或者诉讼。

(1)合同争议的和解与调解。和解与调解是解决合同争议的常用和有效方式。当事人可以通过和解或者调解解决合同争议。

1)和解。和解是合同当事人之间发生争议后，在没有第三人介入的情况下，合同当事人双方在自愿、互谅的基础上，就已经发生的争议进行商谈并达成协议，自行解决争议的一种方式。和解方式简便易行，有利于加强合同当事人之间的协作，使合同能更好地得到履行。

2)调解。调解是指合同当事人于争议发生后，在第三者的主持下，根据事实、法律和合同，经过第三者的说服与劝解，使发生争议的合同当事人双方互谅、互让，自愿达成协议，从而公平、合理地解决争议的一种方式。与和解相同，调解也具有方法灵活、程序简便、节省时间和费用、不伤害发生争议的合同当事人双方的感情等特征，而且由于有第三者的介入，可以缓解发生争议的合同双方当事人之间的对立情绪，便于双方较为冷静、理智地考虑问题。同时，由于第三者常常能够站在较为公正的立场上，较为客观、全面地看待、分析争议的有关问题并提出解决方案，从而有利于争议的公正解决。

参与调解的第三者不同，调解的性质也就不同。调解有民间调解、仲裁机构调解和法庭调解三种。

(2)合同争议的仲裁。仲裁是指发生争议的合同当事人双方根据合同种种约定的仲裁条款或者争议发生后由其达成的书面仲裁协议，将合同争议提交给仲裁机构并由仲裁机构按照仲裁法律规范的规定居中裁决，从而解决合同争议的法律制度。当事人不愿协商、调解或协商、调解不成的，可以根据合同中的仲裁条款或事后达成的书面仲裁协议，提交仲裁机构仲裁。涉外合同的当事人可以根据仲裁协议向中国仲裁机构或者其他仲裁机构申请仲裁。

根据《中华人民共和国仲裁法》，对于合同争议的解决，实行"或裁或审制"。即发生争议的合同当事人双方只能在"仲裁"或者"诉讼"两种方式中选择一种方式解决其合同争议。

仲裁裁决具有法律约束力。合同当事人应当自觉执行裁决。不执行的，另一方当事人可以申请有管辖权的人民法院强制执行。裁决作出后，当事人就同一争议再申请仲裁或者向人民法院起诉的，仲裁机构或者人民法院不予受理。但当事人对仲裁协议的效力有异议的，可以请求仲裁机构作出决定或者请求人民法院作出裁定。

(3)合同争议的诉讼。诉讼是指合同当事人依法将合同争议提交人民法院受理，由人民法院依司法程序通过调查、作出判决、采取强制措施等来处理争议的法律制度。有下列情形之一的，合同当事人可以选择诉讼方式解决合同争议：

1)合同争议的当事人不愿和解、调解的；

2)经过和解、调解未能解决合同争议的；

3)当事人没有订立仲裁协议或者仲裁协议无效的；

4)仲裁裁决被人民法院依法裁定撤销或者不予执行的。

合同当事人双方可以在签订合同时约定选择诉讼方式解决合同争议，并依法选择有管辖权的人民法院，但不得违反《中华人民共和国民事诉讼法》关于级别管辖和专属管辖的规定。对于一般的合同争议，由被告住所地或者合同履行地人民法院管辖。建设工程合同的纠纷一般都适用不动产所在地的专属管辖，由工程所在地人民法院管辖。

三、招标投标法——《中华人民共和国招标投标法》

1. 招标

(1)招标的条件和方式

1)招标的条件。招标项目按照国家有关规定需要履行项目审批手续的，应当先履行审批手续，取得批准。招标人应当有进行招标项目的相应资金或者资金来源已经落实，并应当在招标文件中如实载明。

招标人有权自行选择招标代理机构，委托其办理招标事宜。任何单位和个人不得以任何方式为招标人指定招标代理机构。招标人具有编制招标文件和组织评标能力的，可以自行办理招标事宜。任何单位和个人不得强制其委托招标代理机构办理招标事宜。

依法必须进行招标的项目，招标人自行办理招标事宜的，应当向有关行政监督部门备案。

2)招标方式。招标分为公开招标和邀请招标两种方式。

招标公告或投标邀请书应当载明招标人的名称和地址、招标项目的性质、数量、实施地点和时间以及获取招标文件的办法等事项。招标人不得以不合理的条件限制或者排斥潜在投标人，不得对潜在投标人实行歧视待遇。

《招标投标法》规定，在中华人民共和国境内进行下列工程建设项目(包括项目的勘察、设计、施工、监理以及与工程建设有关的重要设备、材料等的采购)，必须进行招标：

①大型基础设施、公用事业等关系社会公共利益、公众安全的项目；

②全部或者部分使用国有资金投资或者国家融资的项目；

③使用国际组织或者外国政府贷款、援助资金的项目。

任何单位和个人不得将依法必须进行招标的项目化整为零或者以其他任何方式规避招标。依法必须进行招标的项目，其招标投标活动不受地区或者部门的限制。任何单位和个人不得违法限制或者排斥本地区、本系统以外的法人或者其他组织参加投标，不得以任何方式非法干涉招标投标活动。

(2)招标文件。招标人应当根据招标项目的特点和需要编制招标文件。招标文件应当包括招标项目的技术要求、对投标人资格审查的标准、投标报价要求和评标标准等所有实质性要求和条件以及拟签订合同的主要条款。招标项目需要划分标段、确定工期的，招标人应当合理划分标段、确定工期，并在招标文件中载明。

招标文件不得要求或者标明特定的生产供应者以及含有倾向或者排斥潜在投标人的其他内容。招标人不得向他人透露已获取招标文件的潜在投标人的名称、数量及可能影响公平竞争的有关招标投标的其他情况。

招标人对已发出的招标文件进行必要的澄清或者修改的，应当在招标文件要求提交投标文件截止时间至少 15 日前，以书面形式通知所有招标文件收受人。该澄清或者修改的内容为招标文件的组成部分。

(3)其他规定。招标人设有标底的，标底必须保密。招标人应当确定投标人编制投标文件所需要的合理时间。依法必须进行招标的项目，自招标文件开始发出之日起至投标人提交投标文件截止之日止,最短不得少于20日。

2. 投标

投标人应当具备承担招标项目的能力。国家有关规定对投标人资格条件或者招标文件对投标人资格条件有规定的,投标人应当具备规定的资格条件。

(1)投标文件

1)投标文件的内容。投标人应当按照招标文件的要求编制投标文件。投标文件应当对招标文件提出的实质性要求和条件作出响应。

根据招标文件载明的项目实际情况,投标人如果准备在中标后将中标项目的部分非主体、非关键工程进行分包的,应当在投标文件中载明。在招标文件要求提交投标文件的截止时间前,投标人可以补充、修改或者撤回已提交的投标文件,并书面通知招标人。补充、修改的内容为投标文件的组成部分。

2)投标文件的送达。投标人应当在招标文件要求提交投标文件的截止时间前,将投标文件送达投标地点。招标人收到投标文件后,应当签收保存,不得开启。投标人少于三个的,招标人应当依照《招标投标法》重新招标。

在招标文件要求提交投标文件的截止时间后送达的投标文件,招标人应当拒收。

(2)联合投标。两个以上法人或者其他组织可以组成一个联合体,以一个投标人的身份共同投标。联合体各方均应具备承担招标项目的相应能力。国家有关规定或者招标文件对投标人资格条件有规定的,联合体各方均应当具备规定的相应资格条件。由同一专业的单位组成的联合体,按照资质等级较低的单位确定资质等级。

联合体各方应当签订共同投标协议,明确约定各方拟承担的工作和责任,并将共同投标协议连同投标文件一并提交给招标人。联合体中标的,联合体各方应当共同与招标人签订合同,就中标项目向招标人承担连带责任。

(3)其他规定。投标人不得相互串通投标报价,不得排挤其他投标人的公平竞争,损害招标人或其他投标人的合法权益。投标人不得与招标人串通投标,损害国家利益、社会公共利益或者他人的合法权益。投标人不得以低于成本的报价竞标,也不得以他人名义投标或者以其他方式弄虚作假,骗取中标。禁止投标人以向招标人或评标委员会成员行贿的手段谋取中标。

3. 建设工程招标投标应遵循的原则

《招标投标法》规定:招标投标活动应当遵循公开、公平、公正和诚实信用的原则。

(1)公开原则,是指招标投标的程序要有透明度,招标人应当将招标信息公布于众,以便招引投标人作出积极反映。在招标采购制度中,公开原则贯穿于整个招标投标的全过程,有关招标投标的法律和程序应当公布于众。依法必须进行招标的项目的招标人采用公开招标方式的,应当通过国家指定的报刊、信息网络或者其他媒介发布招标公告。招标人须对潜在的投标人进行资格审查,应当明确资格审查的标准,国家对投标人的资格条件有规定的,依照其规定。

(2)公平原则,是指所有投标人在招标投标活动中,享有同等的权利和平等的机会,招标人不得歧视投标人。

(3)公正原则,是要求客观地按照事先公布的条件和标准对待各投标人。

(4)诚实信用原则,是市场经济交易当事人应当严格遵守的道德准则。

4. 建设工程施工招标的程序

(1)建设工程项目报建。各类房屋建设(包括新建、改建、扩建、翻建、大修等)、土木工程(包括道路、桥梁、房屋基础打桩)、设备安装、管道线路敷设、装饰装修等建设工程在项目的立项批准文件或年度投资计划下达后,按照《工程建设项目报建管理办法》规定具备条件的,须向建设行政主管部门报建备案。

(2)提出招标申请,自行招标或委托招标报主管部门备案。

(3)资格预审文件、招标文件的编制备案。招标单位进行资格预审(如果有)相关文件、招标文件的编制报行政主管部门备案。

(4)刊登招标公告或发出投标邀请书。招标人采用公开招标方式的,应当发布招标公告。依法必须进行招标的项目的招标公告,应当在国家指定的报刊和信息网络上发布。

采用邀请招标方式的,招标人应当向三家以上具备承担施工招标项目的能力、资信良好的特定的法人或其他组织发出投标邀请书。

(5)资格审查,分为资格预审和资格后审。资格预审,是指在投标前对潜在投标人进行的资格审查。资格后审,是指在开标后对投标人进行的资格审查。进行资格预审的,一般不再进行资格后审,但招标文件另有规定的除外。

采取资格预审的,招标人可以发出资格预审公告。经预审合格后,招标人应当向资格审查合格的潜在投标人发出资格预审合格通知书,告知获取招标文件的时间、地点和方法,并同时向资格预审不合格的潜在投标人告知资格预审结果。资格预审不合格的潜在投标人不得参加投标。

经资格预审不合格的投标人的投标应作废标处理。

(6)招标文件发放给通过资格预审获得投标资格或被邀请的投标单位。投标单位收到招标文件、图纸和有关资料后,应认真核对。招标单位对招标文件所做的任何修改或补充,须在投标截止时间至少 15 日前,发给所有获得招标文件的投标单位,修改或补充内容作为招标文件的组成部分。投标单位收到招标文件后,若有疑问或不清的问题需澄清解释,应在收到招标文件后 7 日内以书面形式向招标单位提出，招标单位应以书面形式或投标预备会形式予以解答。

(7)勘察现场。为使投标单位获取关于施工现场的必要信息，在投标预备会的前1～2天，招标单位应组织投标单位进行现场勘察，投标单位在勘察现场中如有疑问问题，应在投标预备会前以书面形式向招标单位提出。

(8)投标答疑会。招标单位在发出招标文件、投标单位勘察现场之后，根据投标单位在领取招标文件、图纸和有关技术资料及勘察现场提出的疑问问题，招标单位可通过以下方式进行解答。

1)收到投标单位提出的疑问问题后，以书面形式进行解答，并将解答同时送达所有获得招标文件的投标单位。

2)收到提出的疑问问题后，通过投标答疑会进行解答，并以会议纪要形式同时送达所有获得招标文件的投标单位。投标答疑会的目的在于澄清招标文件中的疑问，解答投标单位对招标文件和勘察现场中所提出的疑问问题及对图纸进行交底和解释。所有参加投标答疑会的投标单位应签到登记，以证明出席投标答疑会。在开标之前，招标单位不得与任何投标单位的代表单独接触并个别解答任何问题。

(9)接受投标书。投标人应当在招标文件要求提交投标文件的截止时间前，将投标文件密封送达投标地点。招标人收到投标文件后，应当签收保存，在开标前任何单位和个人不得开启投标文件。投标人少于3个的，招标人应当依法重新招标。在招标文件要求提交投标文件的截止时间后送达的投标文件，招标人应当拒收。投标人在招标文件要求提交投标文件的截止时间前，可以补充、修改或者撤回已提交的投标文件，并书面通知招标人。补充、修改的内容为投标文件的组成部分。

(10)开标、评标、定标

1)开标应当在招标文件确定的提交投标文件截止时间的同一时间公开进行；开标地点应当为招标文件中确定的地点。开标由招标人主持，邀请所有投标人参加。开标时，由投标人或者推选的代表检查投标文件的密封情况，也可以由招标人委托的公证机构检查并公证；经确认无误后，由工作人员当众拆封，宣读投标人名称、投标价格和投标文件的其他主要内容。招标人在招标文件要求提交投标文件的截止时间前收到的所有投标文件，开标时都应当当众予以拆封、宣读。开标过程应当记录，并存档备查。

在开标时，投标文件有下列情形之一的，招标人不予受理：逾期送达的或未送达指定地点的；未按招标文件的要求密封的。

投标文件有下列情形之一的，由评标委员会初审后按废标处理：无单位盖章并无法定代表人或法定代表人授权的代理人签字或盖章的；未按规定的格式填写，内容不全或关键字迹模糊、无法辨认的；投标人递交两份或多份内容不同的投标文件，或在一份投标文件中对同一招标项目报有两个或多个报价，且未声明哪一个有效，按招标文件规定提交备选投标方案的除外；投标人名称或组织结构与资格预审时不一致的；未按招标文件的要求提交投标保证金的；联合体投标未附联合体各方共同投标协议的。

①开标时间和地点：招标人在规定的投标截止时间（开标时间）和投标人须知前附表规定的地点公开开标，并邀请所有投标人的法定代表人或其委托代理人准时参加。

开标由招标人主持，邀请所有投标人参加。招标人可以在投标人须知前附表中对此做进一步说明，同时明确投标人的法定代表人或其委托代理人不参加开标的法律后果，如投标人的法定代表人或其委托代理人不参加开标的，视同该投标人承认开标记录，不得事后对开标记录提出任何异议。不应以投标人不参加开标为由将其投标作废标处理。开标地点需要详细填写，包括街道、门牌号、楼层、房间号等。

②开标程序。主持人按下列程序进行开标：宣布开标纪律；公布在投标截止时间前递交投标文件的投标人名称，并点名确认投标人是否派人到场；宣布开标人、唱标人、记录人、监标人等有关人员姓名；按照投标人须知前附表的规定检查投标文件的密封情况；按照投标人须知前附表的规定确定并宣布投标文件开标顺序；设有标底的，公布标底；按照宣布的开标顺序当众开标，公布投标人名称、标段名称、投标保证金的递交情况、投标报价、质量目标、工期及其他内容，并记录在案；投标人代表、招标人代表、监标人、记录人等有关人员在开标记录上签字确认；开标结束。

招标人应在投标人须知前附表中规定开标程序的具体做法。开标时，由投标人或者其推选的代表检查投标文件的密封情况，也可以由招标人委托的公证机构检查并公证等；可以按照投标文件递交的先后顺序开标，也可以采用其他方式确定开标顺序。

2）评标

①评标委员会。评标由招标人依法组建的评标委员会负责。依法必须进行招标的项目，其评标委员会由招标人的代表和有关技术、经济等方面的专家组成，成员人数为5人以上单数，其中技术、经济等方面的专家不得少于成员总数的2/3。

评标专家应符合下列条件：

从事相关领域工作满8年，并具有高级职称或者同等专业水平；熟悉有关招标投标的法律法规，并具有与招标项目相关的实践经验；能够认真、公正、诚实、廉洁地履行职责。

评标委员会成员有下列情形之一的，应当回避：

招标人或投标人的主要负责人的近亲属；项目主管部门或者行政监督部门的人员；与投标人有经济利益关系，可能影响对投标公正评审的；曾因在招标、评标以及其他与招标投标有关活动中从事违法行为而受过行政处罚或刑事处罚的。

评标委员会的专家成员应当从省级以上人民政府有关部门提供的专家名册或者招标代理机构的专家库内的相关专家名单中确定。一般项目，可以采取随机抽取的方式；技术特别复杂、专业性要求特别高或者国家有特殊要求的招标项目，采取随机抽取方式确定的专家难以胜任的，可以由招标人直接确定。

评标委员会成员的名单在中标结果确定前应当保密。

②评标原则。《中华人民共和国招标投标法》第 38、39、40、42、44 条规定：

a. 招标人应当采取必要的措施，保证评标在严格保密的情况下进行。任何单位和个人不得非法干预、影响评标的过程和结果。

b. 评标委员会可以要求投标人对投标文件中含义不明确的内容作必要的澄清或者说明，但是澄清或者说明不得超出投标文件的范围或者改变投标文件的实质性内容。

c. 评标委员会应当按照招标文件确定的评标标准和方法，对投标文件进行评审和比较；设有标底的，应当参考标底。评标委员会完成评标后，应当向招标人提出书面评标报告，并推荐合格的中标候选人。招标人根据评标委员会提出的书面评标报告和推荐的中标候选人确定中标人。招标人也可以授权评标委员会直接确定中标人。

d. 评标委员会经过评审，认为所有投标都不符合招标文件要求的，可以否决所有投标。

e. 评标委员会成员应当客观、公正地履行职责，遵守职业道德，对所提出的评审意见承担个人责任。评标委员会成员不得私下接触投标人，不得收受投标人的财物或者其他好处。评标委员会成员和参与评标的有关工作人员不得透露对投标文件的评审和比较、中标候选人的推荐情况以及与评标有关的其他情况。

f. 评标委员会应当根据招标文件规定的评标标准和方法，对投标文件进行系统的评审和比较。招标文件中没有规定的标准和方法不得作为评标的依据。

3)评标报告与定标。评标委员会完成评标后，应当向招标人提出书面评标报告，并抄送有关行政监督部门。评标报告中推荐的中标候选人应当限定在1～3 人，并标明排列顺序。

在确定中标人之前，招标人不得与投标人就投标价格、投标方案等实质性内容进行谈判。

使用国有资金投资或者国家融资的项目，招标人应当确定排名第一的中标候选人为中标人。排名第一的中标候选人放弃中标、因不可抗力提出不能履行合同，或者招标文件规定应当提交履约保证金而在规定的期限内未能提交的，招标人可以确定排名第二的中标候选人为中标人。排名第二的中标候选人因同样原因不能签订合同的，招标人可以确定排名第三的中标候选人为中标人。

评标报告由评标委员会全体成员签字。对评标结论持有异议的评标委员会成员可以书面方式阐述其不同意见和理由。评标委员会成员拒绝在评标报告上签字且不陈述其不同意见和理由的，视为同意评标结论。评标委员会应当对此作出书面说明并记录在案。

中标人确定后，招标人应当向中标人发出中标通知书，同时通知未中标人，并与中标人在 30 个工作日之内签订合同。中标通知书对招标人和中标人具有法律约束力。中标通知书发出后，招标人改变中标结果或者中标人放弃中标的，应当承担法律责任。

招标人应当与中标人按照招标文件和中标人的投标文件订立书面合同。招标人与中标人不得再行订立背离合同实质性内容的其他协议。

招标人与中标人签订合同后 5 个工作日内，应当向中标人和未中标的投标人退还投标保证金。

(11)宣布中标单位。

(12)签订合同。

签订完合同，招标完成。

四、其他相关法律法规

1. 保险法——《中华人民共和国保险法》

(1)保险合同的订立。当投保人提出保险要求，经保险人同意承保，并就合同的条款达成协议，保险合同即成立。保险人应当及时向投保人签发保险单或者其他保险凭证，并在保险单或者其他保险凭证中载明当事人双方约定的合同内容。

1)保险合同的内容。保险合同可以分为财产保险合同和人身保险合同。保险合同应当包括下列事项：①保险人名称和住所；②投保人、被保险人名称和住所，以及人身保险的受益人的名称和住所；③保险标的；④保险责任和责任免除；⑤保险期间和保险责任开始时间；⑥保险价值；⑦保险金额；⑧保险费以及支付办法；⑨保险金赔偿或给付办法；⑩违约责任和争议处理；⑪订立合同的年、月、日。其中，保险金额是指保险人承担赔偿或者给付保险金责任的最高限额。

2)保险合同的订立。订立保险合同时,保险人应当向投保人说明保险合同的条款内容,并可以就保险标的或者被保险人的有关情况提出询问,投保人应当如实告知。投保人故意隐瞒事实,不履行如实告知义务的,或者因过失未履行如实告知义务,足以影响保险人决定是否同意承保或者提高保险费率的,保险人有权解除保险合同。投保人故意不履行如实告知义务的,保险人对于保险合同解除前发生的保险事故(保险合同约定的保险责任范围内的事故),不承担赔偿或者给付保险金的责任,并不退还保险费。

投保人因过失未履行如实告知义务,对保险事故的发生有严重影响的,保险人对于保险合同解除前发生的保险事故,不承担赔偿或者给付保险金的责任,但可以退还保险费。

保险合同中规定的有关保险人责任免除条款的,保险人在订立保险合同时应当向投保人明确说明,未明确说明的,该条款不产生效力。

(2)财产保险合同,是以财产及其有关利益为保险标的的保险合同。建筑工程一切险和安装工程一切险均属财产保险。

1)双方的权利和义务。被保险人应当遵守国家有关消防、安全、生产操作、劳动保护等方面的规定,维护保险标的的安全。根据合同的约定,保险人可以对保险标的的安全状况进行检查,及时向投保人、被保险人提出消除不安全因素和隐患的书面建议。

投保人、被保险人未按照约定履行其对保险标的的安全应尽的责任的,保险人有权要求增加保险费或者解除合同。保险人为维护保险标的的安全,经被保险人同意,可以采取安全预防措施。

2)保险费的增加或降低。在合同有效期内,保险标的危险程度增加的,被保险人按照合同约定应当及时通知保险人,保险人有权要求增加保险费或者解除合同。被保险人未履行通知义务的,因保险标的危险程度增加而发生的保险事故,保险人不承担赔偿责任。

有下列情形之一的,除合同另有约定外,保险人应当降低保险费,并按日计算退还相应的保险费:①据以确定保险费率的有关情况发生变化,保险标的危险程度明显减少;②保险标的的保险价值明显减少。

保险责任开始前,投保人要求解除合同的,应当向保险人支付手续费,保险人应当退还保险费。保险责任开始后,投保人要求解除合同的,保险人可以收取自保险责任开始之日起至合同解除之日止期间的保险费,剩余部分退还投保人。

3)保险价值的确定。保险标的的保险价值,可以由投保人和保险人约定并在合同中载明,也可以按照保险事故发生时保险标的的实际价值确定。

4)保险事故发生后的处置。保险事故发生时,被保险人有责任尽力采取必要的措施，防止或者减少损失。保险事故发生后，被保险人为防止或者减少保险标的的损失所支付的必要的、合理的费用，由保险人承担；保险人所承担的数额在保险标的损失赔偿金额以外另行计算，最高不超过保险金额的数额。

保险事故发生后，保险人已支付了全部保险金额，并且保险金额相等于保险价值的，受损保险标的的全部权利归于保险人；保险金额低于保险价值的，保险人按照保险金额与保险价值的比例取得受损保险标的的部分权利。

保险人、被保险人为查明和确定保险事故的性质、原因和保险标的的损失程度所支付的必要的、合理的费用，由保险人承担。

(3)人身保险合同，是以人的寿命和身体为保险标的的保险合同。建设工程施工人员意外伤害保险即属于人身保险。

1)双方的权利和义务。投保人应向保险人如实申报被保险人的年龄、身体状况。投保人申报的被保险人年龄不真实，并且其真实年龄不符合合同约定的年龄限制的，保险人可以解除合同，并在扣除手续费后，向投保人退还保险费，但是自合同成立之日起逾二年的除外。

2)保险费的支付。投保人于合同成立后，可以向保险人一次支付全部保险费，也可以按照合同约定分期支付保险费。合同约定分期支付保险费的，投保人应当于合同成立时支付首期保险费，并应当按期支付其余各期的保险费。投保人支付首期保险费后，除合同另有约定外，投保人超过规定的期限60日未支付当期保险费的，合同效力中止，或者由保险人按照合同约定的条件减少保险金额。保险人对人身保险的保险费，不得用诉讼方式要求投保人支付。

合同效力中止的，经保险人与投保人协商并达成协议，在投保人补交保险费后，合同效力恢复。但是，自合同效力中止之日起二年内双方未达成协议的，保险人有权解除合同。解除合同时，投保人已交足二年以上保险费的，保险人应当按照合同约定退还保险单的现金价值；投保人未交足二年保险费的，保险人应当在扣除手续费后，退还保险费。

3)保险受益人。人身保险的受益人由被保险人或者投保人指定。投保人指定受益人时需经被保险人同意。被保险人为无民事行为能力人或者限制民事行为能力人的，可以由其监护人指定受益人。

被保险人或者投保人可以变更受益人并书面通知保险人。保险人收到变更受益人的书面通知后，应当在保险单上批注。投保人变更受益人时需经被保险人同意。

被保险人死亡后，遇有下列情形之一的，保险金作为被保险人的遗产，由保险人向被保险人的继承人履行给付保险金的义务：①没有指定受益人的；②受益人先于被保险人死亡，没有其他受益人的；③受益人依法丧失受益权或者放弃受益权，没有其他受益人的。投保人、受益人故意造成被保险人死亡、伤残或者疾病的，保险人不承担给付保险金的责任。投保人已交足二年以上保险费的，保险人应当按照合同约定向其他享有权利的受益人退还保险单的现金价值。受益人故意造成被保险人死亡或者伤残的，或者故意杀害被保险人未遂的，丧失受益权。

4)合同的解除。投保人解除合同，已交足二年以上保险费的，保险人应当自接到解除合同通知之日起 30 日内，退还保险单的现金价值；未交足二年保险费的，保险人按照合同约定在扣除手续费后，退还保险费。

(4)诉讼时效。人寿保险以外的其他保险的被保险人或者受益人，向保险人请求赔偿或者给付保险金的诉讼时效期间为二年，自其知道或者应当知道保险事故发生之日起计算。人寿保险的被保险人或者受益人向保险人请求给付保险金的诉讼时效期间为 5 年，自其知道或者应当知道保险事故发生之日起计算。

2. 价格法——《中华人民共和国价格法》

(1)经营者的价格行为。经营者定价应当遵循公平、合法和诚实信用的原则，定价的基本依据是生产经营成本和市场供求状况。

1)义务。经营者应当努力改进生产经营管理，降低生产经营成本，为消费者提供价格合理的商品和服务，并在市场竞争中获取合法利润。

2)权利。经营者进行价格活动，享有下列权利：①自主制定属于市场调节的价格；②在政府指导价规定的幅度内制定价格；③制定属于政府指导价、政府定价产品范围内的新产品的试销价格，特定产品除外；④检举、控告侵犯其依法自主定价权利的行为。

3)禁止行为。经营者不得有下列不正当价格行为：①相互串通，操纵市场价格，侵害其他经营者或消费者的合法权益；②除降价处理鲜活、季节性、积压的商品外，为排挤对手或独占市场，以低于成本的价格倾销，扰乱正常的生产经营秩序，损害国家利益或者其他经营者的合法权益；③捏造、散布涨价信息，哄抬价格，推动商品价格过高上涨；④利用虚假的或者使人误解的价格手段，诱骗消费者或者其他经营者与其进行交易；⑤对具有同等交易条件的其他经营者实行价格歧视；⑥采取抬高等级或者压低等级等手段收购、销售商品或者提供服务，变相提高或者压低价格；⑦违反法律、法规的规定牟取暴利等。

(2)政府的定价行为

1)定价目录。政府指导价、政府定价的定价权限和具体适用范围，以国家的和地方的定价目录为依据。国家定价目录由国务院价格主管部门制定、修订，报国务院批准后公布。地方定价目录由省、自治区、直辖市人民政府价格主管部门按照中央定价目录规定的定价权限和具体适用范围制定，经本级人民政府审核同意，报国务院价格主管部门审定后公布。省、自治区、直辖市人民政府以下各级地方人民政府不得制定定价目录。

2)定价权限。国务院价格主管部门和其他有关部门，按照国家定价目录规定的定价权限和具体适用范围制定政府指导价、政府定价；其中重要的商品和服务价格的政府指导价、政府定价，应当按照规定经国务院批准。省、自治区、直辖市人民政府价格主管部门和其他有关部门，应当按照地方定价目录规定的定价权限和具体适用范围制定在本地区执行的政府指导价、政府定价。市、县人民政府可以根据省、自治区、直辖市人民政府的授权，按照地方定价目录规定的定价权限和具体适用范围制定在本地区执行的政府指导价、政府定价。

3)定价范围。政府在必要时可以对下列商品和服务价格实行政府指导价或政府定价：①与国民经济发展和人民生活关系重大的极少数商品价格；②资源稀缺的少数商品价格；③自然垄断经营的商品价格；④重要的公用事业价格；⑤重要的公益性服务价格。

4)定价依据。制定政府指导价、政府定价，应当依据有关商品或者服务的社会平均成本和市场供求状况、国民经济与社会发展要求以及社会承受能力，实行合理的购销差价、批零差价、地区差价和季节差价。制定政府指导价、政府定价，应当开展价格、成本调查，听取消费者、经营者和有关方面的意见。制定关系群众切身利益的公用事业价格、公益性服务价格、自然垄断经营的商品价格时，应当建立听证会制度，由政府价格主管部门主持，征求消费者、经营者和有关方面的意见。

(3)价格总水平调控。政府可以建立重要商品储备制度，设立价格调节基金，调控价格，稳定市场。当重要商品和服务价格显著上涨或者有可能显著上涨时，国务院和省、自治区、直辖市人民政府可以对部分价格采取限定差价率或者利润率、规定限价、实行提价申报制度和调价备案制度等干预措施。

当市场价格总水平出现剧烈波动等异常状态时，国务院可以在全国范围内或者部分区域内采取临时集中定价权限、部分或者全面冻结价格的紧急措施。

3. 土地管理法——《中华人民共和国土地管理法》

(1)土地的所有权和使用权

1)土地所有权。我国实行土地的社会主义公有制，即全民所有制和劳动群众集体所有制。国家为了公共利益的需要，可以依法对土地实行征收或者征用并给予补偿。

2)土地使用权。国有土地和农民集体所有的土地，可以依法确定给单位或者个人使用。使用土地的单位和个人，有保护、管理和合理利用土地的义务。

农民集体所有的土地，由县级人民政府登记造册，核发证书，确认所有权。

农民集体所有的土地依法用于非农业建设的，由县级人民政府登记造册，核发证书，确认建设用地使用权。

单位和个人依法使用的国有土地，由县级以上人民政府登记造册，核发证书，确认使用权；其中，中央国家机关使用的国有土地的具体登记发证机关，由国务院确定。

依法改变土地权属和用途的，应当办理土地变更登记手续。

(2)土地利用总体规划

1)土地分类。国家实行土地用途管制制度。通过编制土地利用总体规划，规定土地用途，将土地分为农用地、建设用地和未利用地。

①农用地。是指直接用于农业生产的土地，包括耕地、林地、草地、农田水利用地、养殖水面等。

②建设用地。是指建造建筑物、构筑物的土地，包括城乡住宅和公共设施用地、工矿用地、交通水利设施用地、旅游用地、军事设施用地等。

③未利用地。是指农用地和建设用地以外的土地。

使用土地的单位和个人必须严格按照土地利用总体规划确定的用途使用土地。国家严格限制农用地转为建设用地，控制建设用地总量，对耕地实行特殊保护。

2)土地利用规划。各级人民政府应当依据国民经济和社会发展规划、国土整治和资源环境保护的要求、土地供给能力以及各项建设对土地的需求，组织编制土地利用总体规划。

城市建设用地规模应当符合国家规定的标准，充分利用现有建设用地，不占或者少占农用地。各级人民政府应当加强土地利用计划管理，实行建设用地总量控制。

土地利用总体规划实行分级审批。经批准的土地利用总体规划的修改，须经原批准机关批准；未经批准，不得改变土地利用总体规划确定的土地用途。

(3)建设用地

1)建设用地的批准。除兴办乡镇企业、村民建设住宅或乡(镇)村公共设施、公益事业建设经依法批准使用农民集体所有的土地外，任何单位和个人进行建设而需要使用土地的，必须依法申请使用国有土地，包括国家所有的土地和国家征收的原属于农民集体所有的土地。

涉及农用地转为建设用地的，应当办理农用地转用审批手续。

2)征收土地的补偿。征收土地的，应当按照被征收土地的原用途给予补偿。征收耕地的补偿费用包括土地补偿费、安置补助费以及地上附着物和青苗的补偿费。征收其他土地的土地补偿费和安置补助费标准，由省、自治区、直辖市参照征收耕地的土地补偿费和安置补助费的标准规定。被征收土地上的附着物和青苗的补偿标准，由省、自治区、直辖市规定。征收城市郊区的菜地，用地单位应当按照国家有关规定缴纳新菜地开发建设基金。

3)建设用地的使用。经批准的建设项目需要使用国有建设用地的，建设单位应当持法律、行政法规规定的有关文件，向有批准权的县级以上人民政府土地行政主管部门提出建设用地申请，经土地行政主管部门审查，报本级人民政府批准。

建设单位使用国有土地，应当以出让等有偿使用方式取得；但是，下列建设用地，经县级以上人民政府依法批准，可以划拨方式取得：①国家机关用地和军事用地；②城市基础设施用地和公益事业用地；③国家重点扶持的能源、交通、水利等基础设施用地；④法律、行政法规规定的其他用地。

以出让等有偿使用方式取得国有土地使用权的建设单位，按照国务院规定的标准和办法，缴纳土地使用权出让金等土地有偿使用费和其他费用后，方可使用土地。

建设单位使用国有土地的，应当按照土地使用权出让等有偿使用合同的约定或者土地使用权划拨批准文件的规定使用土地；确需改变该幅土地建设用途的，应当经有关人民政府土地行政主管部门同意，报原批准用地的人民政府批准。其中，在城市规划区内改变土地用途的，在报批前，应当先经有关城市规划行政主管部门同意。

4)土地的临时使用。建设项目施工和地质勘察需要临时使用国有土地或者农民集体所有的土地的，由县级以上人民政府土地行政主管部门批准。其中，在城市规划区内的临时用地，在报批前，应当先经有关城市规划行政主管部门同意。土地使用者应当根据土地权属，与有关土地行政主管部门或者农村集体经济组织、村民委员会签订临时使用土地合同，并按照合同的约定支付临时使用土地补偿费。

临时使用土地的使用者应当按照临时使用土地合同约定的用途使用土地，并不得修建永久性建筑物。临时使用土地期限一般不超过两年。

5)国有土地使用权的收回。有下列情形之一的，有关政府土地行政主管部门报经原批准用地的人民政府或者有批准权的人民政府批准，可以收回国有土地使用权：①为公共利益需要使用土地的；②为实施城市规划进行旧城区改建，需要调整使用土地的；③土地出让等有偿使用合同约定的使用期限届满，土地使用者未申请续期或申请续期未获批准的；④因单位撤销、迁移等原因，停止使用原划拨的国有土地的；⑤公路、铁路、机场、矿场等经核准报废的。其中，属于①、②两种情形而收回国有土地使用权的，对土地使用权人应当给予适当补偿。

4. 税收相关法律法规

(1)税务管理

1)税务登记。我国《中华人民共和国税收征收管理法》规定,从事生产、经营的纳税人(包括企业,企业在外地设立的分支机构和从事生产、经营的场所,个体工商户和从事生产、经营的事业单位)自领取营业执照之日起 30 日内,应持有关证件,向税务机关申报办理税务登记。取得税务登记证件后,在银行或者其他金融机构开立基本存款账户和其他存款账户,并将其全部账号向税务机关报告。

从事生产、经营的纳税人的税务登记内容发生变化的,应自工商行政管理机关办理变更登记之日起 30 日内或者在向工商行政管理机关申请办理注销登记之前,持有关证件向税务机关申报办理变更或者注销税务登记。

2)账簿管理。纳税人、扣缴义务人应按照有关法律、行政法规和国务院财政、税务主管部门的规定设置账簿,根据合法、有效凭证记账,进行核算。从事生产、经营的纳税人、扣缴义务人必须按照国务院财政、税务主管部门规定的保管期限保管账簿、记账凭证、完税凭证及其他有关资料。

3)纳税申报。纳税人必须依照法律、行政法规规定或者税务机关依照法律、行政法规的规定确定的申报期限、申报内容如实办理纳税申报,报送纳税申报表、财务会计报表以及税务机关根据实际需要要求纳税人报送的其他纳税资料。

纳税人、扣缴义务人不能按期办理纳税申报或者报送代扣代缴、代收代缴税款报告表的,经税务机关核准,可以延期申报。经核准延期办理申报、报送事项的,应当在纳税期内按照上期实际缴纳的税款或者税务机关核定的税额预缴税款,并在核准的延期内办理税款结算。

4)税款征收。税务机关征收税款时,必须给纳税人开具完税凭证。扣缴义务人代扣、代收税款时,纳税人要求扣缴义务人开具代扣、代收税款凭证的,扣缴义务人应当开具。

纳税人、扣缴义务人应按照法律、行政法规确定的期限缴纳税款。纳税人因有特殊困难,不能按期缴纳税款的,经省、自治区、直辖市国家税务局、地方税务局批准,可以延期缴纳税款,但是最长不得超过 3 个月。纳税人未按照规定期限缴纳税款的,扣缴义务人未按照规定期限解缴税款的,税务机关除责令限期缴纳外,从滞纳税款之日起,按日加收滞纳税款万分之五的滞纳金。

(2)税率,是指应纳税额与计税基数之间的比例关系,是税法结构中的核心部分。我国现行税率有三种,即:比例税率、累进税率和定额税率。

1)比例税率是指对同一征税对象,不论其数额大小,均按照同一比例计算应纳税额的税率。

2)累进税率是指按照征税对象数额的大小规定不同等级的税率,征税对象数额越大，税率越高。累进税率又分为全额累进税率和超额累进税率。全额累进税率是以征税对象的全额，适用相应等级的税率计征税款。超额累进税率是按征税对象数额超过低一等级的部分，适用高一等级税率计征税款，然后分别相加，得出应纳税款的总额。

3)定额税率是指按征税对象的一定计量单位直接规定的固定的税额，因而也称为固定税额。

(3)税收种类。根据税收征收对象不同，税收可分为流转税、所得税、财产税、行为税、资源税 5 种：

1)流转税。流转税是指以商品流转额和非商品(劳务)流转额为征税对象的税。

2)所得税。所得税是以纳税人的收益额为征税对象的税。

3)财产税。财产税是以财产的价值额或租金额为征税对象的各个税种的统称。

4)行为税。行为税是以特定行为为征税对象的各个税种的统称。行为税主要包括固定资产投资方向调节税、城镇土地使用税、耕地占用税、印花税、屠宰税、筵席税等。征收固定资产投资方向调节税的目的是为了贯彻国家产业政策，控制投资规模，引导投资方向，调整投资结构。该税种目前已停征。城镇土地使用税是国家按使用土地的等级和数量，对城镇范围内的土地使用者征收的一种税。其税率为定额税率。

5)资源税。资源税是为了促进合理开发利用资源，调节资源级差收入而对资源产品征收的各个税种的统称。即对开发、使用我国资源的单位和个人，就各地的资源结构和开发、销售条件差别所形成的级差收入征收的一种税。

第二节　建设工程造价管理制度

一、建设工程造价管理体制

为保障国家及社会公众利益，维护公平竞争秩序和有关各方合法权益，各企事业单位及从业人员要贯彻执行国家的宏观经济政策和产业政策，遵守国家和地方的法律、法规及有关规定，自觉遵守工程造价咨询行业自律组织的各项制度和规定，并接受工程造价咨询行业自律组织的业务指导。

1. 政府部门的行政管理

政府设置了多层管理机构，明确了管理权限和职责范围，形成一个严密的建设工程造价宏观管理组织系统。国务院建设主管部门在全国范围内行使建设管理职能，在建设工程造价管理方面的主要职能包括：

(1)组织制定建设工程造价管理有关法规、规章并监督其实施；

(2)组织制定全国统一经济定额并监督指导其实施；

(3)制定工程造价咨询企业的资质标准并监督其执行；

(4)负责全国工程造价咨询企业资质管理工作，审定甲级工程造价咨询企业的资质；

(5)制定工程造价管理专业技术人员执业资格标准并监督其执行；

(6)监督管理建设工程造价管理的有关行为。

各省、自治区、直辖市和国务院有关部门在其行政区域内和按其职责分工行使相应的管理职能。

2. 行业协会的自律管理

中国建设工程造价管理协会是我国建设工程造价管理的行业协会。此外，在全国各省、自治区、直辖市及一些大中城市，也先后成立了建设工程造价管理协会，对工程造价咨询工作及造价工程师的执业活动实行行业管理。

地方建设工程造价管理协会作为建设工程造价咨询行业管理的地方性组织，在业务上接受中国建设工程造价管理协会的指导，协助地方政府建设主管部门和中国建设工程造价管理协会进行本地区建设工程造价咨询行业的自律管理。

二、建设工程造价专业人员资格管理

在我国建设工程造价管理活动中，从事建设工程造价管理的专业人员可以分为两大类，即造价员和注册造价工程师。

1. 造价员从业资格制度

造价员是指通过考试，取得《建设工程造价员资格证书》，从事工程造价业务的人员。为加强对建设工程造价员的管理，规范建设工程造价员的从业行为和提高其业务水平。中国建设工程造价管理协会制定并发布了《建设工程造价员管理暂行办法》(中价协[2006]013号)。

(1)资格考试。造价员资格考试实行全国统一考试大纲、通用专业和考试科目，各造价管理协会或归口管理机构(简称归口管理机构)和中国建设工程造价管理协会专业委员会(简称专业委员会)负责组织命题和考试。通用专业分土建工程和安装工程两个专业，通用考试科目包括：工程造价基础知识；土建工程或安装工程(可任选一门)。

其他专业和考试科目由各管理机构、专业委员会根据本地区、本行业的需要设置，并报中国建设工程造价管理协会备案。

1)报考条件。凡遵守国家法律、法规，恪守职业道德，具备下列条件之一者，均可申请参加造价员资格考试：

①工程造价专业中专及以上学历；

②其他专业中专及以上学历，工作满一年。工程造价专业大专及以上应届毕业生，可向管理机构或专业委员会申请免试《工程造价基础知识》。

2)资格证书的颁发。造价员资格考试合格者，由各管理机构、专业委员会颁发由中国建设工程造价管理协会统一印制的《建设工程造价员资格证书》及专用章。《建设工程造价员资格证书》是造价员工程造价业务的资格证明。

(2)从业。造价员可以从事与本人取得的《建设工程造价员资格证书》专业相符合的建设工程造价工作。造价员应在本人承担的工程造价业务文件上签字、加盖专用章，并承担相应的岗位责任。

从事工程造价员跨地区或行业变动工作，并继续从事建设工程造价工作的，应持调出手续、《全国建设工程造价员资格证书》和专用章，到调入所在地管理机构或专业委员会申请办理变更手续，换发资格证书和专用章。

造价员不得同时受聘于两个或两个以上单位。

(3)资格证书的管理

1)证书的检验。《全国建设工程造价员资格证书》原则上每3年检验一次，由各管理机构和各专业委员会负责具体实施。验证的内容为本人从事工程造价工作的业绩、继续教育情况、职业道德等。

2)验证不合格或注销资格证书和专用章。有下列情形之一者，验证不合格或注销《全国建设工程造价员资格证书》和专用章：

①无工作业绩的；

②脱离工程造价业务岗位的；

③未按规定参加继续教育的；

④以不正当手段取得《全国建设工程造价员资格证书》的；

⑤在建设工程造价活动中有不良记录的；

⑥涂改《全国建设工程造价员资格证书》和转借专用章的；

⑦在两个或两个以上单位以造价员名义从业的。

(4)继续教育。造价员每三年参加继续教育的时间原则上不得少于30小时，各管理机构和各专业委员会可根据需要进行调整。各地区、行业继续教育的教材编写及培训组织工作由各管理机构、专业委员会分别负责。

(5)自律管理。中国建设工程造价管理协会负责全国建设工程造价员的行业自律管理工作。各地区管理机构在本地区建设行政主管部门的指导和监督下，负责本地区造价员的自律管理工作。各专业委员会负责本行业造价员的自律管理工作。全国建设工程造价员行业自律工作受建设部标准定额司指导和监督。

造价员职业道德准则包括：

1)应遵守国家法律、法规，维护国家和社会公共利益，忠于职守，恪守职业道德，自觉抵制商业贿赂；

2)应遵守工程造价行业的技术规范和规程，保证工程造价业务文件的质量；

3)应保守委托人的商业秘密；

4)不准许他人以自己的名义执业；

5)与委托人有利害关系时，应当主动回避；

6)接受继续教育，提高专业技术水平；

7)对违反国家法律、法规的计价行为，有权向国家有关部门举报。

各管理机构和各专业委员会应建立造价员信息管理系统和信用评价体系，并向社会公众开放查询造价员资格、信用记录等信息。

2. 造价工程师执业资格制度

注册造价工程师是指通过全国造价工程师执业资格统一考试或者资格认定、资格互认，取得《中华人民共和国造价工程师执业资格证书》，并注册取得中华人民共和国造价工程师注册证书和执业印章，从事工程造价活动的专业人员。未取得注册证书和执业印章的人员，不得以注册造价工程师的名义从事工程造价活动。

(1)资格考试。注册造价工程师执业资格考试实行全国统一大纲、统一命题、统一组织的办法。原则上每年举行一次。

1)报考条件。凡中华人民共和国公民，工程造价或相关专业大专及其以上毕业，从事工程造价业务工作一定年限后，均可申请参加造价工程师执业资格考试。

2)考试科目。造价工程师执业资格考试分为四个科目："工程造价管理基础理论与相关法规"、"工程造价计价与控制"、"建设工程技术与计量(土建工程或安装工程)"和"工程造价案例分析"。

对于长期从事工程造价管理业务工作的专业技术人员，符合一定的学历和专业年限条件的，可免试"工程造价管理基础理论与相关法规"、"建设工程技术与计量"两个科目。只参加"工程造价计价与控制"和"工程造价案例分析"两个科目的考试。四个科目分别单独考试、单独计分。参加全部科目考试的人员，须在连续的两个考试年度通过；参加免试部分考试科目的人员，须在一个考试年度内通过应试科目。

3)证书取得。造价工程师执业资格考试合格者，由省、自治区、直辖市人事部门颁发国务院人事主管部门统一印制、国务院人事主管部门和建设主管部门统一用印的造价工程师执业资格证书，该证书全国范围内有效，并作为造价工程师注册的凭证。

(2)注册。注册造价工程师实行注册执业管理制度。取得造价工程师执业资格的人员，经过注册方能以注册造价工程师的名义执业。

1)初始注册。取得造价工程师执业资格证书的人员，受聘于一个工程造价咨询企业或者工程建设领域的建设、勘察设计、施工、招标代理、工程监理、工程造价管理等单位，可自执业资格证书签发之日起一年内向聘用单位工商注册所在地的省、自治区、直辖市人民政府建设主管部门或者国务院有关部门提出注册申请。申请初始注册的，应当提交下列材料：

①初始注册申请表；

②执业资格证件和身份证件复印件；

③与聘用单位签订的劳动合同复印件；

④工程造价岗位工作证明。

受聘于具有工程造价咨询资质的中介机构的，应当提供聘用单位为其交纳的社会基本养老保险凭证、人事代理合同复印件，或者劳动、人事部门颁发的离退休证复印件。外国人、台港澳人员应当提供外国人就业许可证书、台港澳人员就业证书复印件。逾期未申请注册的，须符合继续教育的要求后方可申请初始注册。初始注册的有效期为四年。

2)延续注册。注册造价工程师注册有效期满需继续执业的，应当在注册有效期满30日前，按照规定的程序申请延续注册。延续注册的有效期为4年。申请延续注册的，应当提交下列材料：

①延续注册申请表；

②注册证书；

③与聘用单位签订的劳动合同复印件；

④前一个注册期内的工作业绩证明；

⑤继续教育合格证明。

3)变更注册。在注册有效期内，注册造价工程师变更执业单位的，应当与原聘用单位解除劳动合同，并按照规定的程序办理变更注册手续。变更注册后延续原注册有效期。申请变更注册的，应当提交下列材料：

①变更注册申请表；

②注册证书；

③与新聘用单位签订的劳动合同复印件；

④与原聘用单位解除劳动合同的证明文件；

⑤受聘于具有工程造价咨询资质的中介机构的，应当提供聘用单位为其交纳的社会基本养老保险凭证、人事代理合同复印件，或者劳动、人事部门颁发的离退休证复印件；

⑥外国人、台港澳人员应当提供外国人就业许可证书、台港澳人员就业证书复印件。

4)不予注册。有下列情形之一的，不予注册：

①不具有完全民事行为能力的；

②申请在两个或者两个以上单位注册的；

③未达到造价工程师继续教育合格标准的；

④前一个注册期内工作业绩达不到规定标准或未办理暂停执业手续而脱离工程造价业务岗位的；

⑤受刑事处罚，刑事处罚尚未执行完毕的；

⑥因工程造价业务活动受刑事处罚，自刑事处罚执行完毕之日起至申请注册之日止不满5年的；

⑦因前项规定以外原因受刑事处罚，自处罚决定之日起至申请注册之日止不满3年的；

⑧被吊销注册证书，自被处罚决定之日起至申请注册之日止不满3年的；

⑨以欺骗、贿赂等不正当手段获准注册被撤销，自被撤销注册之日起至申请注册之日止不满3年的；

⑩法律、法规规定不予注册的其他情形。

(3)执业

1)执业范围。注册造价工程师的执业范围包括：

①建设项目建议书、可行性研究投资估算的编制和审核，项目经济评价，工程概算、预算、结算、竣工结(决)算的编制和审核；

②工程量清单、标底(或者控制价)、投标报价的编制和审核，工程合同价款的签订及变更、调整、工程款支付与工程索赔费用的计算；

③建设项目管理过程中设计方案的优化、限额设计等工程造价分析与控制，工程保险理赔的核查；

④工程经济纠纷的鉴定。

注册造价工程师应当在本人承担的工程造价成果文件上签字并盖章。修改经注册造价工程师签字盖章的工程造价成果文件，应当由签字盖章的注册造价工程师本人进行；注册造价工程师本人因特殊情况不能进行修改的，应当由其他注册造价工程师修改，并签字盖章；修改工程造价成果文件的注册造价工程师对修改部分承担相应的法律责任。

2)权利和义务

①注册造价工程师享有下列权利:使用注册造价工程师名称;依法独立执行工程造价业务;在本人执业活动中形成的工程造价成果文件上签字并加盖执业印章;发起设立工程造价咨询企业;保管和使用本人的注册证书和执业印章;参加继续教育。

②注册造价工程师应当履行下列义务:遵守法律、法规、有关管理规定,恪守职业道德;保证执业活动成果的质量;接受继续教育,提高执业水平;执行工程造价计价标准和计价方法;与当事人有利害关系的,应当主动回避;保守在执业中知悉的国家秘密和他人的商业、技术秘密。

(4)继续教育:注册造价工程师在每一注册期内应当达到注册机关规定的继续教育要求。注册造价工程师继续教育分为必修课和选修课,每一注册有效期各为60学时。经继续教育达到合格标准的,颁发继续教育合格证明。注册造价工程师继续教育,由中国建设工程造价管理协会负责组织。

三、建设工程造价咨询企业管理

工程造价咨询企业是指接受委托,对建设项目投资、工程造价的确定与控制提供专业咨询服务的企业。工程造价咨询企业从事工程造价咨询活动,应当遵循独立、客观、公正、诚实信用的原则,不得损害社会公共利益和他人的合法权益。

1. 工程造价咨询企业资质等级标准

工程造价咨询企业资质等级分为甲级、乙级。

(1)甲级资质标准

1)已取得乙级工程造价咨询企业资质证书满3年;

2)企业出资人中,注册造价工程师人数不低于出资人总人数的60%,且其出资额不低于企业注册资本总额的60%;

3)技术负责人已取得造价工程师注册证书,并具有工程或工程经济类高级专业技术职称,且从事工程造价专业工作15年以上;

4)专职从事工程造价专业工作的人员(以下简称专职专业人员)不少于20人,其中,具有工程或者工程经济类中级以上专业技术职称的人员不少于16人,取得造价工程师注册证书的人员不少于10人,其他人员具有从事工程造价专业工作的经历;

5)企业与专职专业人员签订劳动合同,且专职专业人员符合国家规定的职业年龄(出资人除外);

6)专职专业人员人事档案关系由国家认可的人事代理机构代为管理;

7)企业注册资本不少于人民币 100 万元；

8)企业近 3 年工程造价咨询营业收入累计不低于人民币 500 万元；

9)具有固定的办公场所，人均办公建筑面积不少于 10 平方米；

10)技术档案管理制度、质量控制制度、财务管理制度齐全；

11)企业为本单位专职专业人员办理的社会基本养老保险手续齐全；

12)在申请核定资质等级之日前 3 年内无违规行为。

(2)乙级资质标准

1)企业出资人中，注册造价工程师人数不低于出资人总人数的 60%，且其出资额不低于注册资本总额的 60%；

2)技术负责人已取得造价工程师注册证书，并具有工程或工程经济类高级专业技术职称，且从事工程造价专业工作 10 年以上；

3)专职专业人员不少于 12 人，其中，具有工程或者工程经济类中级以上专业技术职称的人员不少于 8 人，取得造价工程师注册证书的人员不少于 6 人，其他人员具有从事工程造价专业工作的经历；

4)企业与专职专业人员签订劳动合同，且专职专业人员符合国家规定的职业年龄(出资人除外)；

5)专职专业人员人事档案关系由国家认可的人事代理机构代为管理；

6)企业注册资本不少于人民币 50 万元；

7)具有固定的办公场所，人均办公建筑面积不少于 10 平方米；

8)技术档案管理制度、质量控制制度、财务管理制度齐全；

9)企业为本单位专职专业人员办理的社会基本养老保险手续齐全；

10)暂定期内工程造价咨询营业收入累计不低于人民币 50 万元；

11)在申请核定资质等级之日前 3 年内无违规行为。

2. 工程造价咨询企业的业务承接

工程造价咨询企业应当依法取得工程造价咨询企业资质，并在其资质等级许可的范围内从事工程造价咨询活动。工程造价咨询企业依法从事工程造价咨询活动，不受行政区域限制。甲级工程造价咨询企业可以从事各类建设项目的工程造价咨询业务；乙级工程造价咨询企业可以从事工程造价 5000 万元人民币以下的各类建设项目的工程造价咨询业务。

(1)业务范围。工程造价咨询业务范围包括：

1)建设项目建议书及可行性研究投资估算、项目经济评价报告的编制和审核；

2)建设项目概预算的编制与审核，并配合设计方案比选、优化设计、限额设计等工作进行工程造价分析与控制；

3)建设项目合同价款的确定(包括招标工程工程量清单和标底、投标报价的编制和审核);合同价款的签订与调整(包括工程变更、工程洽商和索赔费用的计算);工程款支付,工程结算及竣工结(决)算报告的编制与审核等;

4)工程造价经济纠纷的鉴定和仲裁的咨询;

5)提供工程造价信息服务等。

工程造价咨询企业可以对建设项目的组织实施进行全过程或者若干阶段的管理和服务。

(2)执业

1)咨询合同及其履行。工程造价咨询企业在承接各类建设项目的工程造价咨询业务时,可以参照《建设工程造价咨询合同》(示范文本)与委托人签订书面工程造价咨询合同。

工程造价咨询企业从事工程造价咨询业务,应当按照有关规定的要求出具工程造价成果文件,工程造价成果文件应当由工程造价咨询企业加盖有企业名称、资质等级及证书编号的执业印章,并由执行咨询业务的注册造价工程师签字、加盖执业印章。

2)执业行为准则。工程造价咨询企业在执业活动中应遵循下列执业行为准则:

①要执行国家的宏观经济政策和产业政策,遵守国家和地方的法律、法规及有关规定,维护国家和人民的利益;

②接受工程造价咨询行业自律组织业务指导,自觉遵守本行业的规定和各项制度,积极参加本行业组织的业务活动;

③按照工程造价咨询单位资质证书规定的资质等级和服务范围开展业务,只承担能够胜任的工作;

④要具有独立执业的能力和工作条件,竭诚为客户服务,以高质量的咨询成果和优良服务,获得客户的信任和好评;

⑤要按照公平、公正和诚信的原则开展业务,认真履行合同,依法独立自主开展经营活动,努力提高经济效益;

⑥靠质量、靠信誉参加市场竞争,杜绝无序和恶性竞争;不得利用与行政机关、社会团体以及其他经济组织的特殊关系搞业务垄断;

⑦要“以人为本”,鼓励员工更新知识,掌握先进的技术手段和业务知识,采取有效措施组织、督促员工接受继续教育;

⑧不得在解决经济纠纷的鉴证咨询业务中分别接受双方当事人的委托;

⑨不得阻挠委托人委托其他工程造价咨询单位参与咨询服务;共同提供服务的工程造价咨询单位之间应分工明确,密切协作,不得损害其他单位的利益和名誉;

⑩有义务保守客户的技术和商务秘密，客户事先允许和国家另有规定的除外。

(3)企业分支机构。工程造价咨询企业设立分支机构的，应当自领取分支机构营业执照之日起30日内，持下列材料到分支机构工商注册所在地省、自治区、直辖市人民政府建设主管部门备案：

1)分支机构营业执照复印件；

2)工程造价咨询企业资质证书复印件；

3)拟在分支机构执业的不少于3名注册造价工程师的注册证书复印件；

4)分支机构固定办公场所的租赁合同或产权证明。

省、自治区、直辖市人民政府建设主管部门应当在接受备案之日起20日内，报国务院建设主管部门备案。

分支机构从事工程造价咨询业务，应当由设立该分支机构的工程造价咨询企业负责承接工程造价咨询业务、订立工程造价咨询合同、出具工程造价成果文件。

分支机构不得以自己名义承接工程造价咨询业务、订立工程造价咨询合同、出具工程造价成果文件。

(4)跨省区承接业务。工程造价咨询企业跨省、自治区、直辖市承接工程造价咨询业务的，应当自承接业务之日起30日内到建设工程所在地省、自治区、直辖市人民政府建设主管部门备案。

3. 工程造价咨询企业的法律责任

(1)资质申请或取得的违规责任。申请人隐瞒有关情况或者提供虚假材料申请工程造价咨询企业资质的，不予受理或者不予资质许可，并给予警告，申请人在一年内不得再次申请工程造价咨询企业资质。以欺骗、贿赂等不正当手段取得工程造价咨询企业资质的，由县级以上地方人民政府建设主管部门或者有关专业部门给予警告，并处1万元以上3万元以下的罚款，申请人3年内不得再次申请工程造价咨询企业资质。

(2)经营违规的责任。未取得工程造价咨询企业资质从事工程造价咨询活动或者超越资质等级承接工程造价咨询业务的，出具的工程造价成果文件无效，由县级以上地方人民政府建设主管部门或者有关专业部门给予警告，责令限期改正，并处以1万元以上3万元以下的罚款。

工程造价咨询企业不及时办理资质证书变更手续的，由资质许可机关责令限期办理；逾期不办理的，可处以1万元以下的罚款。

有下列行为之一的，由县级以上地方人民政府建设主管部门或者有关专业部门给予警告，责令限期改正；逾期未改正的，可处以5000元以上2万元以下的罚款：

1)新设立的分支机构不备案的；

2)跨省、自治区、直辖市承接业务不备案的。

(3)其他违规责任。工程造价咨询企业有下列行为之一的，由县级以上地方人民政府建设主管部门或者有关专业部门给予警告，责令限期改正，并处以1万元以上3万元以下的罚款：

1)涂改、倒卖、出租、出借资质证书，或者以其他形式非法转让资质证书；

2)超越资质等级业务范围承接工程造价咨询业务；

3)同时接受招标人和投标人或两个以上投标人对同一工程项目的工程造价咨询业务；

4)以给予回扣、恶意压低收费等方式进行不正当竞争；

5)转包承接的工程造价咨询业务；

6)法律、法规禁止的其他行为。